农作物种质资源技术规范丛书

藜麦种质资源描述规范和数据标准

Descriptors and Data Standard for Quinoa (*Chenopodium quinoa* Willd.)

秦培友　崔宏亮　周帮伟　编著

中国农业科学技术出版社

图书在版编目（CIP）数据

藜麦种质资源描述规范和数据标准 / 秦培友，崔宏亮，周帮伟编著. —北京：中国农业科学技术出版社，2020.6
（农作物种质资源技术规范丛书）
ISBN 978-7-5116-4732-0

Ⅰ.①藜… Ⅱ.①秦…②崔…③周… Ⅲ.①麦类作物-种质资源-描写-规范②麦类作物-种质资源-数据-标准 Ⅳ.①S512.904

中国版本图书馆 CIP 数据核字（2020）第 074851 号

责任编辑 崔改泵
责任校对 马广洋

出 版 者 中国农业科学技术出版社
北京市中关村南大街 12 号 邮编：100081
电　　话 （010）82109708（编辑室） （010）82109704（发行部）
（010）82109709（读者服务部）
传　　真 （010）82106650
网　　址 http://www.castp.cn
经 销 者 各地新华书店
印 刷 者 北京富泰印刷有限责任公司
开　　本 710mm×1 000mm 1/16
印　　张 6
字　　数 120 千字
版　　次 2020 年 6 月第 1 版 2020 年 6 月第 1 次印刷
定　　价 60.00 元

《农作物种质资源技术规范》

总编辑委员会

《藜麦种质资源描述规范和数据标准》
编著委员会

编著者 秦培友 崔宏亮 周帮伟

执笔人 秦培友 崔宏亮 周帮伟

审稿人 （以姓氏笔画为序）

么　杨	吕　玮	邬晓勇	刘　锐	刘宗华
刘录祥	孙　辉	杨修仕	李　玲	李荣波
李祥羽	邹　亮	沈宝云	迟德钊	张时龙
张晓艳	周海涛	孟焕文	赵　钢	顾闽峰
梅　丽	曹晓宁	蒋　云	蔡志全	

审　校 任贵兴 方　沩 曹永生

《农作物种质资源技术规范》

前　言

农作物种质资源是人类生存和发展最有价值的宝贵财富，是国家重要的战略性资源，是作物育种、生物科学研究和农业生产的物质基础，是实现粮食安全、生态安全与农业可持续发展的重要保障。中国农作物种质资源种类多、数量大，以其丰富性和独特性在国际上占有重要地位。经过广大农业科技工作者多年的努力，目前已收集保存了51万份种质资源，积累了大量科学数据和技术资料，为制定农作物种质资源技术规范奠定了良好的基础。

农作物种质资源技术规范的制定是实现中国农作物种质资源工作标准化、信息化和现代化，促进农作物种质资源事业跨越式发展的一项重要任务，是农作物种质资源研究的迫切需要。其主要作用是：①规范农作物种质资源的收集、整理、保存、鉴定、评价和利用；②度量农作物种质资源的遗传多样性和丰富度；③确保农作物种质资源的遗传完整性，拓宽利用价值，提高使用时效；④提高农作物种质资源整合的效率，实现种质资源的充分共享和高效利用。

《农作物种质资源技术规范》是国内首次出版的农作物种质资源基础工具书，是农作物种质资源考察收集、整理鉴定、保存利用的技术手册，其主要特点：①植物分类、生态、形态，农艺、生理生化、植物保护，计算机等多学科交叉集成，具有创新性；②综合运用国内外有关标准规范和技术方法的最新研究成果，具有先进性；③由实践经验丰富和理论水平高的科学家编审，科学性、系统性和实用性强，具有权威性；④资料翔实、结构严谨、形式新颖、图文并茂，具有可操作性；⑤规定了粮食作物、经济作物、蔬菜、果树、牧草绿肥等五大类100多种作物种质资源的描述规范、数据标准和数据质量控制规范，以及收集、整理、保存技术规程，内容丰富，具有完整性。

《农作物种质资源技术规范》是在农作物种质资源50多年科研工作的基础上，参照国内外相关技术标准和先进方法，组织全国40多个科研单位，500多名科技人员进行编撰，并在全国范围内征求了2 000多位专家的意见，召开了近百次专家咨询会议，经反复修改后形成的。《农作物种质资源技术规范》按不同作物分册出版，共计130余册，便于查阅使用。

《农作物种质资源技术规范》的编撰出版，是国家农作物种质资源平台建设的重要任务之一。国家农作物种质资源平台由科技部和财政部共同设立，得到了各有关领导部门的具体指导，中国农业科学院的全力支持及全国有关科研单位、高等院校及生产部门的大力协助，在此谨致诚挚的谢意。由于时间紧、任务重、缺乏经验，书中难免有疏漏之处，恳请读者批评指正，以便修订。

总编辑委员会

前 言

藜麦（*Chenopodium quinoa* Willd.）是苋科（Amaranthaceae）藜属（*Chenopodium* L.）一年生双子叶植物，又称昆诺阿藜、南美藜，植株茎秆为木质中空，高大，叶片互生、叶缘有不整齐齿或呈波形，嫩苗可食用，自花授粉，但也有一定程度的异型杂交，雌雄同株不同体，花色多样，色彩鲜艳，具有观赏价值，种子形状差异较大，有多种颜色。藜麦是一种四倍体植物（2n = 4x = 36），单倍染色体数目为 9，有明显的四倍体起源特征，其野生近缘种的染色体数目分为 2n = 18，36，54。藜麦籽粒可粮用，茎秆可饲用，幼苗可菜用，全株可供观赏用。

藜麦原产于南美洲安第斯山地区，从公元前 3 000 年开始，这一作物就已是该地区的重要粮食作物。在印加帝国的粮食作物中藜麦的地位仅次于玉米，被古印加人称为“营养黄金”“超级谷物”。16 世纪西班牙人统治南美洲地区以后，藜麦被作为“印第安食物”而受排斥，种植被极大限制。经过几个世纪沉寂，到 20 世纪后半期，藜麦以其优异的营养特性被人们再次认识并引起全世界的广泛关注。藜麦富含蛋白质，必需氨基酸全面且比例均衡，含多种维生素，不含过敏麸质，早在 20 世纪 80 年代被美国宇航局用于宇航员的太空食品。联合国粮农组织（FAO）推荐藜麦为最适宜人类的全营养食品，并将 2013 年定为“国际藜麦年”，以推动藜麦在全球的推广。

近年来，藜麦因能有效保持农业生态系统多样性、减少世界多个地区的营养失衡，而引起了广泛关注，并被成功引种到欧洲、北美洲、亚洲和非洲。作为从南美引进的特色杂粮作物，藜麦近几年在我国发展迅速，特别是自 2015 年中国作物学会藜麦分会（2019 年更名为中国作物学会藜麦专业委员会）成立以来，藜麦种植推广迅速，种植面积由约 5 万亩增长至 2019 年的近 25 万亩，总产量近 2. 88 万吨，种植区域分布于我国 20 余个省（区），种植面积和总产量已跃居世界第三位。随着我国藜麦产业的快速发展，国内相关研究机构在藜麦种质资源收集引进、鉴定评价与创新利用、新品种选育、栽培技术研发、营养功能因子挖掘及功能产品研发等方面开展了广泛研究。目前，我国藜麦种质资源收集保存总数已有1 000余份，初步完成了主要农艺性状鉴定评价工作，筛选出了一批可供育种和生产利用的优良种质，已有18个藜麦新品种通过省（部）市认证登记和评价。

藜麦种质资源规范标准的制定是国家农作物种质资源平台建设的重要内容之一。制定统一的藜麦种质资源规范标准，有利于整合全国藜麦种质资源，规范藜麦种质资源的收集、整理和保存等基础性工作，创造良好的共享环境和条件，搭建高效的共享平台，以便更有效地保护和高效地利用藜麦种质资源，充分挖掘其潜在的经济、社会和生态价值，促进全国藜麦种质资源事业的发展。

藜麦种质资源描述规范规定了藜麦种质资源的描述符及其分级标准，以便对藜麦种质资源进行标准化整理和数字化表达。藜麦种质资源数据标准规定了藜麦种质资源各描述符的字段名称、类型、长度、小数位、代码等，以便建立统一、规范的藜麦种质资源数据库。藜麦种质资源数据质量控制规范规定了藜麦种质资源数据采集全过程中的质量控制内容和控制方法，以保证数据的系统性、可比性和可靠性。

《藜麦种质资源描述规范和数据标准》由中国农业科学院作物科学研究所主持编写，并得到了全国藜麦科研、教学和生产单位的大力支持。在编写过程中，参考了国内外相关文献，由于篇幅所限，书中仅列主要参考文献，在此一并致谢。由于编著者水平有限，错误和疏漏之处在所难免，恳请批评指正。

编著者

二〇一九年十二月

目　　录

1　藜麦种质资源描述规范和数据标准制定的原则和方法

1.1　藜麦种质资源描述规范制定的原则和方法

1.1.1　原则

1.1.1.1　优先采用现有数据库中的描述符和描述标准。

1.1.1.2　结合当前需要，以种质资源研究和育种需求为主，兼顾生产与市场需要。

1.1.1.3　立足中国现有基础，考虑将来发展，尽量与国际接轨。

1.1.2　方法和要求

1.1.2.1　描述符类别分为6类。

1　基本信息

2　形态特征和生物学特性

3　品质特性

4　抗逆性

5　抗病虫性

6　其他特征特性

1.1.2.2　描述符代号由描述符类别加两位顺序号组成。如“110”“208”“401”等。

1.1.2.3　描述符性质分为3类。

M　必选描述符（所有种质必须鉴定评价的描述符）

O　可选描述符（可选择鉴定评价的描述符）

C　条件描述符（只对特定种质进行鉴定评价的描述符）

1.1.2.4　描述符的代码应是有序的，如数量性状从细到粗、从低到高、从小到大、从少到多排列，颜色从浅到深，抗性从弱到强等。

1.1.2.5　每个描述符应有一个基本的定义或说明。数量性状应标明单位，质量性状应有评价标准和等级划分。

1.1.2.6　植物学形态描述符应附模式图。

1.1.2.7　重要数量性状应以数值表示。

1.2 藜麦种质资源数据标准制定的原则和方法

1.2.1 原则

1.2.1.1 数据标准中的描述符应与描述规范相一致。

1.2.1.2 数据标准应优先考虑现有数据库中的数据标准。

1.2.2 方法和要求

1.2.2.1 数据标准中的代号应与描述规范中的代号一致。

1.2.2.2 字段名最长50位。

1.2.2.3 字段类型分字符型（C）、数值型（N）和日期型（D）。日期型的格式为YYYYMMDD。

1.2.2.4 经度的类型为N，格式为DDDFF；纬度的类型为N，格式为DDFF；其中D为度，F为分；东经以正数表示，西经以负数表示；北纬以正数表示，南纬以负数表示。如“12136”“3921”。

1.3 藜麦种质资源数据质量控制规范制定的原则和方法

1.3.1 采集的数据应具有系统性、可比性和可靠性。

1.3.2 数据质量控制以过程控制为主，兼顾结果控制。

1.3.3 数据质量控制方法应具有可操作性。

1.3.4 鉴定评价方法以现行的国家标准和行业标准为首选依据；如无国家标准和行业标准，则以国际标准或国内比较公认的先进方法为依据。

1.3.5 每个描述符的质量控制应包括田间设计，样本数或群体大小，时间或时期，取样数和取样方法，计量单位、精度和允许误差，采用的鉴定评价规范和标准，采用的仪器设备，性状的观测和等级划分方法，数据校验和数据分析。

2 藜麦种质资源描述简表

序号	代号	描述符	描述符性质	单位或代码
1	101	全国统一编号	M	
2	102	种质库编号	M	
3	103	引种号	C/引进种质	
4	104	采集号	C/地方品种	
5	105	种质名称	M	
6	106	种质外文名	M	
7	107	科名	M	
8	108	属名	M	
9	109	学名	M	
10	110	原产国	M	
11	111	原产省	M	
12	112	原产地	M	
13	113	海拔	C/地方品种	m
14	114	经度	C/地方品种	
15	115	纬度	C/地方品种	
16	116	来源地	M	
17	117	保存单位	M	
18	118	保存单位编号	M	
19	119	系谱	C/选育品种或品系	
20	120	选育单位	C/选育品种或品系	
21	121	育成年份	C/选育品种或品系	
22	122	选育方法	C/选育品种或品系	
23	123	种质类型	M	1：国外品种 2：地方品种 3：选育品种 4：品系 5：遗传材料 6：其他
24	124	图像	O	
25	125	观测地点	M	
26	201	播种期	M	
27	202	出苗期	M	

（续表）

序号	代号	描述符	描述符性质	单位或代码
28	203	子叶颜色	M	1：黄绿　2：绿　3：紫绿　4：红
29	204	幼苗展开叶面色	M	1：黄绿　2：绿　3：深绿 4：紫绿　5：粉　6：红
30	205	幼苗心叶叶色	M	1：绿　2：红绿　3：浅红　4：红
31	206	幼苗叶形	M	1：菱形　2：心形　3：掌形 4：披针形
32	207	叶片盐泡	M	0：无　1：有
33	208	现蕾期	M	
34	209	成株期叶形	M	1：掌形　2：心形　3：菱形 4：披针形
35	210	叶柄长	M	cm
36	211	叶片长	M	cm
37	212	叶片宽	M	cm
38	213	叶面颜色	M	1：绿　2：紫绿　3：红　4：紫红
39	214	叶尖形状	O	1：菱形　2：柳叶形　3：三角形
40	215	叶基形状	O	1：渐狭　2：楔形　3：戟形
41	216	叶缘形态	O	1：锯齿　2：波状　3：平滑
42	217	叶柄颜色	M	1：黄绿　2：绿　3：紫绿 4：红　5：黄　6：黄褐 7：紫红　8：混色（2种或以上，下同）
43	218	植株分枝性	O	1：单枝　2：有主穗基部小分枝 3：有主穗基部大分枝 4：无主穗分枝
44	219	生长速度	O	1：缓慢　2：中等　3：快速
45	220	再生性	O	1：弱　2：中　3：强
46	221	开花期	M	
47	222	株型	M	1：紧凑型　2：半紧凑型 3：松散型
48	223	植株整齐度	O	1：不齐　2：中等　3：整齐
49	224	株高	M	cm
50	225	茎粗度	M	cm
51	226	花期茎秆颜色	M	1：橘黄　2：浅黄　3：黄 4：青　5：淡红　6：玫红 7：粉红　8：红　9：紫 10：混色
52	227	主花序长度	M	cm
53	228	主花序粗度	M	cm

（续表）

序号	代号	描述符	描述符性质	单位或代码
54	229	花序分枝性	O	1：无 2：少 3：中 4：多
55	230	主花序类型	M	1：单枝形 2：圆筒形 3：纺锤形
56	231	花序紧密度	M	1：松弛 2：紧密
57	232	主花序颜色	M	1：奶油 2：黄 3：绿 4：橙 5：紫红
58	233	花簇类型	O	1：雌花为主 2：雄性败育花为主 3：两性花为主
59	234	单株鲜体重	O	g
60	235	单株茎干重	O	g
61	236	单株叶干重	O	g
62	237	灌浆期	M	
63	238	茎叶早衰程度	O	1：无早衰 2：轻度早衰 3：中度早衰 4：重度早衰 5：严重早衰
64	239	茎秆髓部质地	O	1：中空 2：半填充 3：填充
65	240	茎秆髓部汁液	O	1：无汁 2：少汁 3：多汁
66	241	茎秆倒折率	O	%
67	242	成熟期	M	
68	243	全生育期	M	d
69	244	熟性	M	1：特早熟 2：早熟 3：中熟 4：晚熟 5：极晚熟
70	245	成熟一致性	M	1：一致 2：中等 3：不一致
71	246	籽粒形状	M	1：透镜状 2：圆柱状 3：椭球形 4：圆锥形
72	247	籽粒颜色	M	1：白 2：奶油 3：黄 4：橙 5：粉红 6：红 7：紫 8：褐 9：深褐 10：茶绿 11：黑
73	248	籽粒表皮皂苷	M	1：无 2：少量 3：中等 4：多
74	249	籽粒光泽	O	1：明亮 2：暗淡
75	250	籽粒整齐度	O	1：不整齐 2：中等 3：整齐
76	251	单株粒重	M	g
77	252	千粒重	M	g
78	253	籽粒饱满度	O	1：不饱满 2：中等 3：饱满
79	254	成熟期茎秆颜色	O	1：黄 2：橙 3：红 4：紫 5：褐 6：灰 7：黑 8：绿 9：混色

（续表）

序号	代号	描述符	描述符性质	单位或代码
80	301	籽粒蛋白含量	M	%
81	302	籽粒淀粉含量	M	%
82	303	籽粒总糖含量	M	%
83	304	籽粒粗脂肪含量	M	%
84	305	籽粒粗纤维含量	O	g/kg
85	306	籽粒黄酮含量	O	mg/g
86	307	籽粒皂苷含量	M	mg/g
87	308	籽粒苏氨酸含量	O	g/100g
88	309	籽粒缬氨酸含量	O	g/100g
89	310	籽粒异亮氨酸含量	O	g/100g
90	311	籽粒亮氨酸含量	O	g/100g
91	312	籽粒苯丙氨酸含量	O	g/100g
92	313	籽粒赖氨酸含量	O	g/100g
93	314	籽粒色氨酸含量	O	g/100g
94	315	籽粒甲硫氨酸含量	O	g/100g
95	316	籽粒组氨酸含量	O	g/100g
96	317	全株粗蛋白含量	C/饲用型	%
97	318	全株粗脂肪含量	C/饲用型	%
98	319	全株中性洗涤纤维含量	C/饲用型	%
99	320	全株酸性洗涤纤维含量	C/饲用型	%
100	321	全株总糖含量	C/饲用型	g/kg
101	322	全株皂苷含量	C/饲用型	mg/g
102	401	苗期耐旱性	M	1：弱　2：中　3：强
103	402	苗期耐寒性	O	1：弱　2：中　3：强
104	403	耐高温性	O	1：弱　2：中　3：强
105	404	耐涝性	O	1：弱　2：中　3：强
106	405	耐盐性	M	1：敏感　2：中敏　3：中耐 4：耐盐　5：高耐
107	406	抗穗发芽性	M	1：低抗　2：中抗　3：高抗
108	407	除草剂耐受性	M	1：弱　2：中　3：强
109	408	抗倒伏性	M	1：不抗　2：低抗　3：中抗 4：高抗
110	501	叶斑病抗性	M	1：高感　2：易感　3：中抗 4：抗　5：高抗

（续表）

序号	代号	描述符	描述符性质	单位或代码
111	502	霜霉病抗性	M	1：高感 2：易感 3：中抗 4：抗 5：高抗
112	503	茎（根）腐病抗性	O	1：高感 2：易感 3：中抗 4：抗 5：高抗
113	504	病毒病抗性	O	1：高感 2：易感 3：中抗 4：抗 5：高抗
114	505	立枯病抗性	O	1：高感 2：易感 3：中抗 4：抗 5：高抗
115	506	甜菜筒喙象抗性	O	1：低抗 2：中抗 3：高抗
116	507	夜蛾抗性	O	1：低抗 2：中抗 3：高抗
117	508	象甲抗性	O	1：低抗 2：中抗 3：高抗
118	509	根蛆抗性	O	1：低抗 2：中抗 3：高抗
119	601	用途	M	1：粮用 2：饲用 3：菜用 4：观赏 5：兼性用途
120	602	核型	O	
121	603	指纹图谱与分子标记	O	
122	604	备注	O	

3 藜麦种质资源描述规范

3.1 范围

本规范规定了藜麦种质资源的描述符及其分级标准。

本规范适用于藜麦种质资源的收集、整理和保存，数据标准和数据质量控制规范的制定，以及数据库和信息共享网络系统的建立。

3.2 规范性引用文件

下列文件中的条款通过本规范的引用而成为本规范的条款。凡是注日期的引用文件，其随后所有的修改单（不包括勘误的内容）或修订版均不适用于本规范。然而，鼓励根据本规范达成协议的各方研究是否可使用这些文件的最新版本。凡是不注明日期的引用文件，其最新版本适用于本规范。

ISO 3166 Codes for the Representation of Names of Countries

GB/T 2260 中华人民共和国行政区划代码

GB/T 2659 世界各国和地区名称代码

GB/T 3543 农作物种子检验规程

GB 5009.6 食品安全国家标准　食品中脂肪的测定

GB 5009.124 食品安全国家标准　食品中氨基酸的测定

GB/T 5513 粮油检验　粮食中还原糖和非还原糖测定法

GB/T 5515 粮油检验　粮食中粗纤维素含量测定　介质过滤法

GB/T 5519 谷物与豆类　千粒重的测定

GB/T 6432 饲料中粗蛋白的测定　凯氏定氮法

GB/T 6433 饲料中粗脂肪的测定

GB/T 12404 单位隶属关系代码

GB/T 20806 饲料中中性洗涤纤维（NDF）的测定

NY/T 3 谷物、豆类作物种子粗蛋白测定法（半微量凯氏法）

NY/T 4 谷物、油料作物种子粗脂肪测定方法

NY/T 11 谷物籽粒粗淀粉测定法

NY/T 57 谷物籽粒色氨酸测定法

NY/T 1459 饲料中酸性洗涤纤维的测定

DB12/T 847 饲料中总糖的测定　分光光度法

3.3 术语和定义

3.3.1 藜麦

藜麦为苋科（Amaranthaceae）藜属（*Chenopodium* L.）的一个种，拉丁名 *Chenopodium quinoa* Willd.，原产于南美洲安第斯山区，一年生双子叶植物，又称昆诺阿藜、南美藜。植株茎秆为木质中空，高大，叶片互生、叶缘有不整齐齿或呈波形，自花授粉，但也有一定程度的异型杂交，雌雄同株不同体，花色多样，色彩鲜艳，具有观赏价值，种子形状差异较大，有多种颜色。除籽粒主要作粮用外，幼苗可菜用，茎秆等副产物可饲用。藜麦是四倍体（2n = 4x = 36），有明显的四倍体起源特征。

3.3.2 藜麦种质资源

藜麦国外引进种质、地方品种、选育品种、品系、遗传材料等。

3.3.3 基本信息

藜麦种质资源基本情况描述信息，包括全国统一编号、种质库编号、引种号、采集号、种质名称、学名、原产地、原产地海拔、经度、纬度、来源地、保存单位、系谱、选育单位、育成年份、选育方法、种质类型、图像、观测地点等。

3.3.4 形态特征和生物学特性

藜麦种质资源的物候期、植物学特征、生物学特性、产量性状等特征特性。

3.3.5 品质特性

藜麦具有粮用、菜用、饲用、观赏等多方面用途。籽粒应从感官品质和营养功能品质等性状加以区分。感官品质应包括籽粒色泽、籽粒圆润度、米饭吸水性、口感等；营养品质性状包括淀粉、蛋白质、脂肪、氨基酸、总糖、粗纤维、黄酮、皂苷等含量。茎秆等副产物的饲用品质性状应包括粗蛋白质、粗脂肪、中性洗涤纤维、酸性洗涤纤维、总糖、皂苷等含量。

3.3.6 抗逆性

藜麦种质资源对各种非生物胁迫的适应能力和抵抗力，包括抗寒性、抗旱性、耐盐碱性、抗倒伏性、耐高温性等。

3.3.7 抗病虫性

藜麦种质资源对各种生物胁迫的适应性或抵抗能力，包括叶斑病、霜霉病、茎（根）腐病、病毒病、立枯病等抗性以及甜菜筒喙象、夜蛾、象甲、根蛆等抗性。

3.3.8 其他特征特性

藜麦种质资源的其他描述信息，包括基本用途、核型、指纹图谱与分子标记等。

3.4 基本信息

3.4.1 全国统一编号

种质资源的唯一标志号。国内藜麦种质资源的全国统一编号是由 ZL 加 5 位阿拉伯数字顺序号组成的 8 位字符串，例如 ZL00001。国外普通藜麦种质资源的编号由“YL”加 5 位阿拉伯数字顺序号组成的 8 位字符串，例如 YL00001。

3.4.2 种质库编号

藜麦种质在国家农作物种质资源长期库中的编号，由“I1L”加 5 位顺序号组成。

3.4.3 引种号

藜麦种质从国外引入时赋予的编号。

3.4.4 采集号

藜麦种质在考察收（采）集时，采集者赋予每份样品的编号。

3.4.5 种质名称

藜麦种质的中文名称。

3.4.6 种质外文名

国外引进种质的外文名或国内种质的汉语拼音名。

3.4.7 科名

苋科（Amaranthaceae）。

3.4.8 属名

藜属（*Chenopodium* L.）。

3.4.9 学名

普通藜麦的拉丁学名为 *Chenopodium quinoa* Willd.

3.4.10 原产国

藜麦种质的原产国家名称、地区名称或国际组织名称。

3.4.11 原产省

国内藜麦种质的原产省份（自治区、直辖市）名称；国外引进藜麦种质原产国家一级行政区的名称。

3.4.12 原产地

国内藜麦种质的原产县、乡、村名称。

3.4.13　海拔

藜麦种质原产地的海拔高度。单位为 m。

3.4.14　经度

藜麦种质原产地的经度，单位为（°）和（′）。格式为 DDDFF，其中 DDD 为度，FF 为分。

3.4.15　纬度

藜麦种质原产地的纬度，单位为（°）和（′）。格式为 DDFF，其中 DD 为度，FF 为分。

3.4.16　来源地

国内藜麦种质的来源省份、县（区、县级市）名称；国外引进藜麦种质的来源国家名称、地区名称或国际组织名称。

3.4.17　保存单位

藜麦种质提交国家农作物种质资源长期库前的原保存单位名称。

3.4.18　保存单位编号

藜麦种质原保存单位赋予的种质编号。

3.4.19　系谱

藜麦选育品种（系）的亲缘关系。

3.4.20　选育单位

选育藜麦品种（系）的单位名称或个人。

3.4.21　育成年份

藜麦品种（系）培育成功的年份。

3.4.22　选育方法

藜麦品种（系）的育种方法。

3.4.23　种质类型

藜麦种质类型分为 6 类。

1　国外品种
2　地方品种
3　选育品种
4　品系
5　遗传材料
6　其他

3.4.24　图像

藜麦种质的图像文件名。图像格式为 .jpg。

3.4.25　观测地点

藜麦种质形态特征和生物学特性观察地点的名称。

3.5 形态特征和生物学特性

3.5.1 播种期

为了藜麦种质资源的田间试验和繁种更新而播种的日期，以“年月日”来表示，格式为YYYYMMDD。

3.5.2 出苗期

播种后，全试验小区50%以上的子叶露出地面1cm的日期，以“年月日”来表示，格式为YYYYMMDD。

3.5.3 子叶颜色

出苗后第一对子叶的颜色。

1 黄绿
2 绿
3 紫
4 红

3.5.4 幼苗展开叶面色

4叶至5叶期，幼苗叶片正面的颜色。

1 黄绿
2 绿
3 深绿
4 紫绿
5 粉
6 红

3.5.5 幼苗心叶叶色

4叶至5叶期，心叶叶片正面的颜色。

1 绿
2 红绿
3 浅红
4 红

3.5.6 幼苗叶形

4叶至5叶期，幼苗的叶片形状（图1）。

1 菱形
2 心形
3 掌形
4 披针形

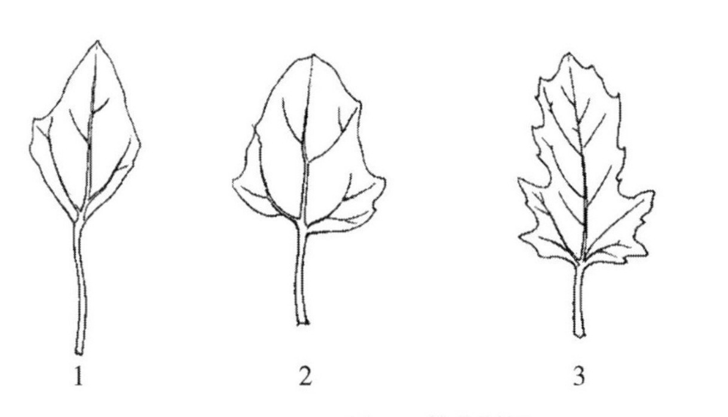

图 1 幼苗叶形

3.5.7 叶片盐泡

0 无

1 有

3.5.8 现蕾期

全试验小区 50%以上的植株具有花序的日期，以“年月日”来表示，格式为 YYYYMMDD。

3.5.9 成株期叶形

开花期植株中部叶片的形状（图 2）。

1 掌形

2 心形

3 菱形

4 披针形

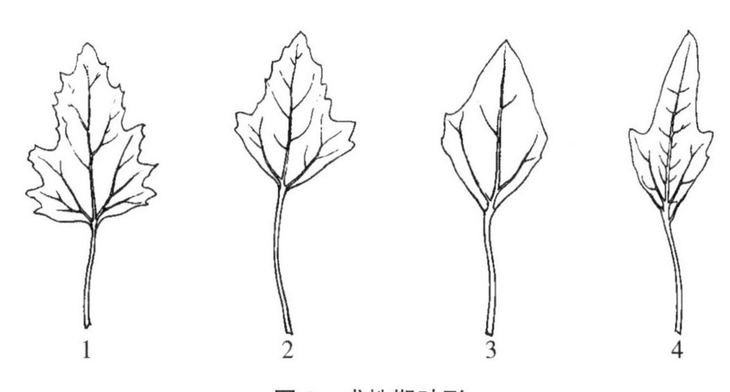

图 2 成株期叶形

3.5.10 叶柄长

开花期主茎中部最大叶片的叶柄与主茎连结处至叶片基部的距离。单位为 cm。

3.5.11　叶片长

开花期主茎中部最大叶片基部至端部的距离。单位为 cm。

3.5.12　叶片宽

开花期主茎中部最大叶片最宽处的横向距离。单位为 cm。

3.5.13　叶面颜色

开花期主茎中部最大叶片正面的颜色。

1　　绿
2　　紫绿
3　　红
4　　紫红

3.5.14　叶尖形状

主茎中部叶片顶端的形状（图 3）。

1　　菱形
2　　柳叶形
3　　三角形

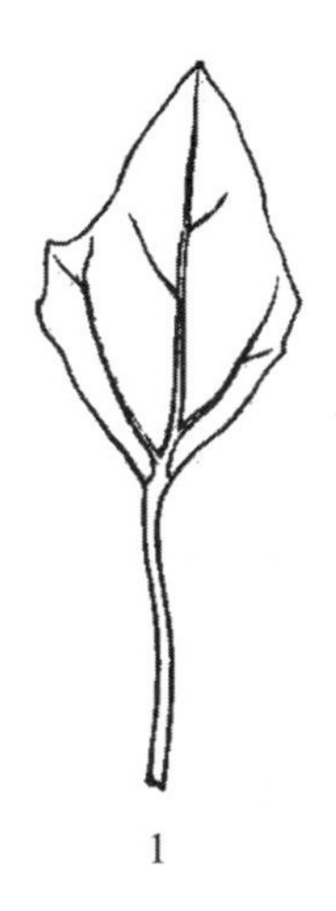

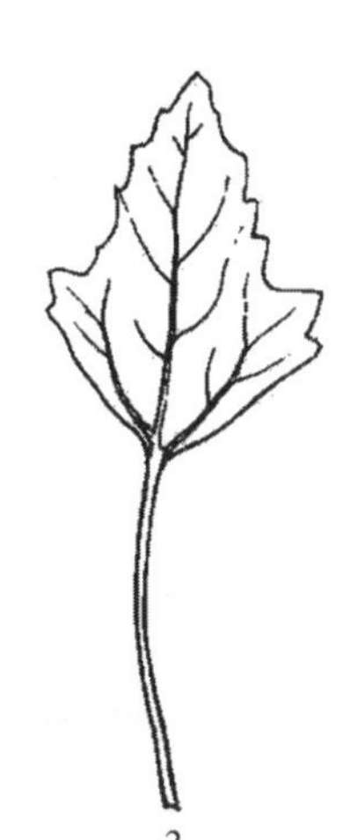

图 3　叶尖形状

3.5.15　叶基形状

开花期主茎中部叶片基部的形状（图 4）。

1　　渐狭
2　　楔形

3 戟形

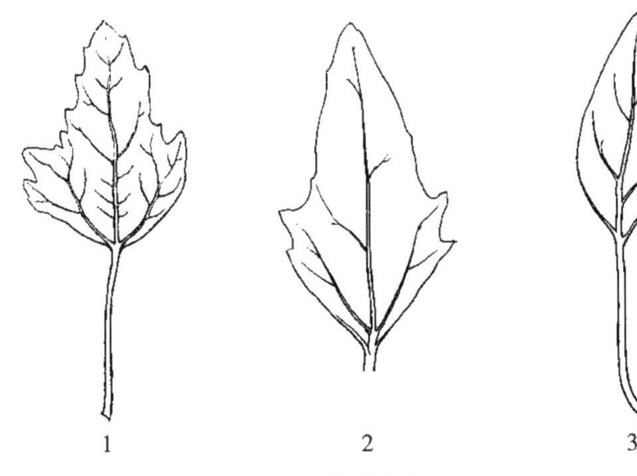

图 4 叶基形状

3.5.16 叶缘形态

主茎中部叶片边缘的形态（图 5）。

1 锯齿

2 波状

3 平滑

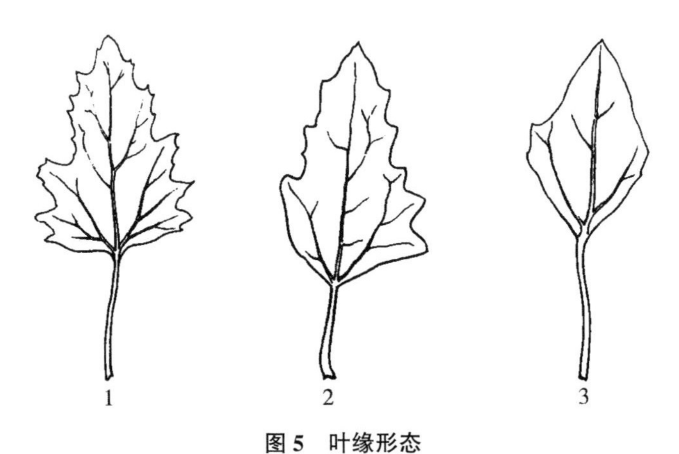

图 5 叶缘形态

3.5.17 叶柄颜色

主茎中部叶片的叶柄颜色。

1　黄绿
2　绿
3　紫绿
4　红
5　黄
6　黄褐
7　紫红
8　混色

3.5.18　植株分枝性

主茎腋芽萌生的一级有穗分枝的多少（图 6）。

1　单枝
2　有主穗基部小分枝
3　有主穗基部大分枝
4　无主穗分枝

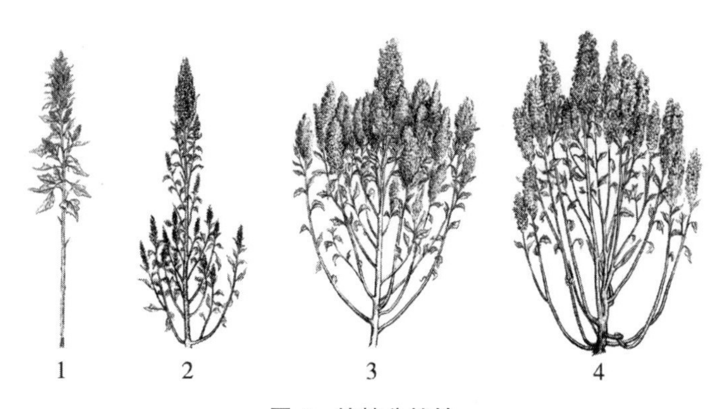

图 6　植株分枝性

3.5.19　生长速度

藜麦种质在现蕾期的日生长速度。

1　缓慢
2　中等
3　快速

3.5.20　再生性

倒春寒霜冻后，萌发成枝的能力。

1　弱
2　中

3 强

3.5.21 开花期

全区50%以上植株开花的日期。以“年月日”表示，格式为“YYYYMMDD”。

3.5.22 株型

植株群体分枝与主茎的紧密程度。

1 紧凑型

2 半紧凑型

3 松散型

3.5.23 植株整齐度

植株群体株型的整齐程度。

1 不齐

2 中等

3 整齐

3.5.24 株高

植株主茎自地面至主穗顶部的高度。单位为cm。

3.5.25 茎粗度

主茎基部节间的直径。单位为cm。

3.5.26 花期茎秆颜色

主茎中部茎秆的颜色。

1 橘黄

2 浅黄

3 黄

4 青

5 淡红

6 玫红

7 粉红

8 红

9 紫

10 混色

3.5.27 主花序长度

主茎花序底部至顶部的长度。单位为cm。

3.5.28 主花序粗度

主茎花序的最粗部位的直径粗度。单位为cm。

3.5.29 主花序分枝性

花序的分枝能力。

1 无

2 少

3 中

4 多

3.5.30 主花序类型

成熟期，主花序的生长状态（图7）。

1 单枝形

2 圆筒形

3 纺锤形

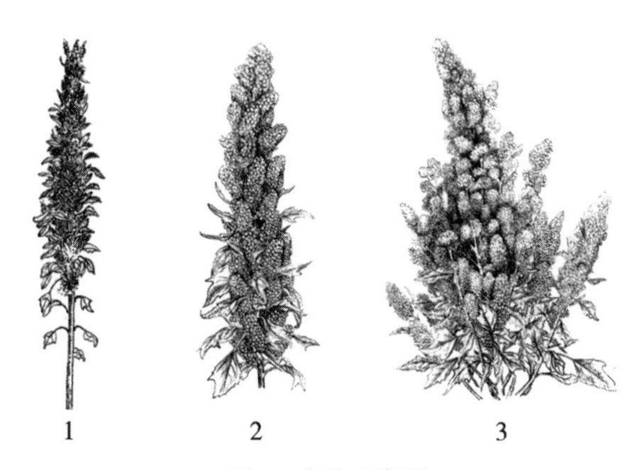

图7 主花序类型

3.5.31 花序紧密度

成熟期，花序紧密程度。

1 松弛

2 紧密

3.5.32 主花序颜色

盛花期，主花序的颜色。

1 奶油

2 黄

3 绿

4 橙

5 紫红

3.5.33　花簇类型

开花期，花簇的种类。

1　　雌花为主

2　　雄性败育花为主

3　　两性花为主

3.5.34　单株鲜体重

开花盛期单株地上部分的全株鲜重。单位为 g。

3.5.35　单株茎干重

开花盛期单株地上部分的全株茎干重。单位为 g。

3.5.36　单株叶干重

开花盛期单株叶片的干重。单位为 g。

3.5.37　灌浆期

全区 80%以上植株主花序的种子进入灌浆的日期。以“年月日”表示，格式为“YYYYMMDD”。

3.5.38　茎叶早衰程度

灌浆期茎秆和叶片枯萎的程度。

1　　无早衰

2　　轻度早衰

3　　中度早衰

4　　重度早衰

5　　严重早衰

3.5.39　茎秆髓部质地

灌浆期茎秆中部的充实情况。

1　　中空

2　　半填充

3　　填充

3.5.40　茎秆髓部汁液

灌浆期茎秆含汁液的多少。

1　　无汁

2　　少汁

3　　多汁

3.5.41　茎秆倒折率

成熟期茎秆倒折株数占全区植株的百分率。以%表示。

3.5.42　成熟期

全区 80%以上植株主花序的种子蜡熟的日期。以“年月日”表示，格式为

"YYYYMMDD"。

3.5.43 全生育期

从出苗至成熟的生育周期天数。单位为 d。

3.5.44 熟性

依据生育期的长短，将熟性分为 5 个等级。

1 特早熟
2 早熟
3 中熟
4 晚熟
5 极晚熟

3.5.45 成熟一致性

籽粒的成熟度是否一致。

1 一致
2 中等
3 不一致

3.5.46 籽粒形状

成熟种子的侧面形状（图 8）。

1 透镜状
2 圆柱状
3 椭球形
4 圆锥形

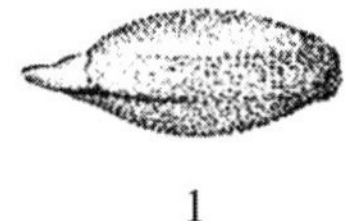
1
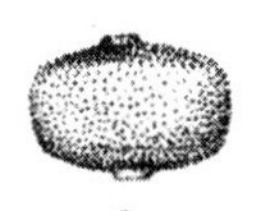
2
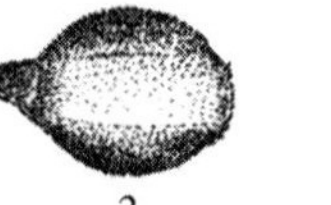
3

4

图 8 籽粒形状

3.5.47 籽粒颜色

成熟种子的颜色。

1 白
2 奶油
3 黄
4 橙
5 粉红

6　红

7　紫

8　褐

9　深褐

10　茶绿

11　黑

3.5.48　籽粒表皮皂苷度

成熟期籽粒皂苷含量的等级。将籽粒表皮的皂苷含量分为4个等级。

1　无

2　少量

3　中等

4　多

3.5.49　籽粒光泽

籽粒表面光泽的明暗程度。

1　明亮

2　暗淡

3.5.50　籽粒整齐度

籽粒大小的整齐程度。

1　不整齐

2　中等

3　整齐

3.5.51　单株粒重

单株籽粒的风干重。单位为g。

3.5.52　千粒重

随机取样测定的1 000个完整成熟种子的重量（种子含水量按13%计）。单位为g。

3.5.53　籽粒饱满度

成熟期籽粒的饱满程度。

1　不饱满

2　中等

3　饱满

3.5.54　成熟时茎秆颜色

主茎中部茎秆的颜色。

1　黄

2　橙

3　红
4　紫
5　褐
6　灰
7　黑
8　绿
9　混色

3.6　品质特性

3.6.1　籽粒蛋白质含量

籽粒中蛋白质占籽粒（干基）质量的百分比。以%表示。

3.6.2　籽粒总淀粉含量

籽粒中总淀粉占籽粒（干基）质量的百分比。以%表示。

3.6.3　籽粒总糖含量

籽粒中总糖占籽粒（干基）质量的比例。以%表示。

3.6.4　籽粒粗脂肪含量

籽粒中粗脂肪占籽粒（干基）质量的百分比。以%表示。

3.6.5　籽粒粗纤维含量

籽粒中粗纤维占籽粒（干基）质量的比例。以 g/kg 表示。

3.6.6　籽粒黄酮含量

籽粒中黄酮占籽粒（干基）质量的比例。以 mg/g 表示。

3.6.7　籽粒皂苷含量

籽粒中皂苷占籽粒（干基）质量的比例。以 mg/g 表示。

3.6.8　籽粒苏氨酸含量

籽粒中苏氨酸占籽粒（干基）的质量百分比。以 g/100g 表示。

3.6.9　籽粒缬氨酸含量

籽粒中缬氨酸占籽粒（干基）的质量百分比。以 g/100g 表示。

3.6.10　籽粒异亮氨酸含量

籽粒中异亮氨酸占籽粒（干基）的质量百分比。以 g/100g 表示。

3.6.11　籽粒亮氨酸含量

籽粒中亮氨酸占籽粒（干基）的质量百分比。以 g/100g 表示。

3.6.12　籽粒苯丙氨酸含量

籽粒中苯丙氨酸占籽粒（干基）的质量百分比。以 g/100g 表示。

3.6.13　籽粒赖氨酸含量

籽粒中赖氨酸占籽粒（干基）的质量百分比。以 g/100g 表示。

3.6.14　籽粒色氨酸含量

籽粒中色氨酸占籽粒（干基）的质量百分比。以 g/100g 表示。

3.6.15　籽粒甲硫氨酸含量

籽粒中甲硫氨酸占籽粒（干基）的质量百分比。以 g/100g 表示。

3.6.16　籽粒组氨酸含量

籽粒中组氨酸占籽粒（干基）的质量百分比。以 g/100g 表示。

3.6.17　全株粗蛋白含量

灌浆期全株粗蛋白质占干物质质量百分比。以%表示。

3.6.18　全株粗脂肪含量

灌浆期全株粗脂肪占干物质质量百分比。以%表示。

3.6.19　全株中性洗涤纤维含量

灌浆期全株中性洗涤纤维占干物质质量百分比。以%表示。

3.6.20　全株酸性洗涤纤维含量

灌浆期全株酸性洗涤纤维占干物质质量百分比。以%表示。

3.6.21　全株总糖含量

灌浆期全株总糖占干物质质量百分比。以 g/kg 表示。

3.6.22　全株皂苷含量

灌浆期全株皂苷占干物质质量百分比。以 mg/g 表示。

3.7　抗逆性

3.7.1　苗期耐旱性

植株苗期忍耐或抵抗干旱的能力。

1　弱
2　中
3　强

3.7.2　苗期耐寒性

植株苗期生长发育忍耐或抵抗霜冻或倒春寒的能力。

1　弱
2　中
3　强

3.7.3　耐高温性

植株生长发育阶段忍耐或抵抗高温或干热风的能力。

1　弱
2　中
3　强

3.7.4　耐涝性

植株生长发育阶段忍耐或抵抗多湿水涝的能力。

1　弱
2　中
3　强

3.7.5　耐盐性

植株生长发育阶段忍耐或抵抗盐碱胁迫的能力。

1　敏感
2　中敏
3　中耐
4　耐盐
5　高耐

3.7.6　抗穗发芽

植株接近成熟期内忍耐或抵抗由降水导致的穗部发芽的能力。

1　低抗
2　中抗
3　高抗

3.7.7　除草剂耐受性

植株生长期内忍耐或抵抗除草剂胁迫的能力。

1　弱
2　中
3　强

3.7.8　抗倒伏性

植株生长期内抗倒伏的能力。

1　不抗
2　低抗
3　中抗
4　高抗

3.8 抗病虫性

3.8.1 叶斑病抗性（图9）

植株对叶斑病（*Cercospora* cf. *chenopodii*）的抵抗或者忍耐能力的强弱。

1 高感
2 易感
3 中抗
4 抗
5 高抗

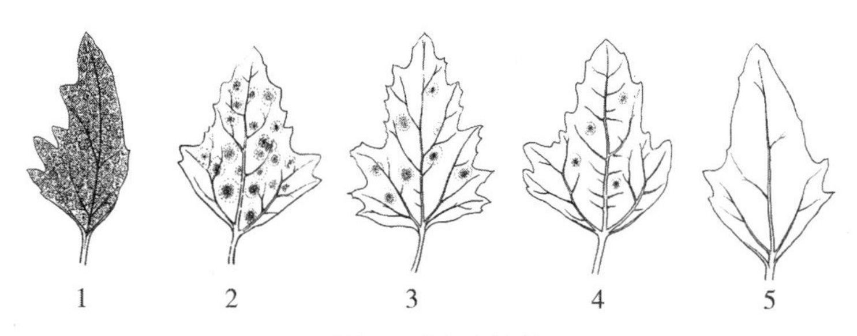

图9 叶斑病抗性

3.8.2 霜霉病抗性

植株对霜霉病（*Peronospora variabilis*）的抵抗或者忍耐能力的强弱。

1 高感
2 易感
3 中抗
4 抗
5 高抗

3.8.3 茎（根）腐病抗性

植株对茎（根）腐病（*Choanephora cucurbitarum*）的抵抗或者忍耐能力的强弱。

1 高感
2 易感
3 中抗
4 抗
5 高抗

3.8.4 病毒病抗性

植株对病毒病（Tobacco ring spot virus）的抵抗或者忍耐能力的强弱。

1　高感
2　易感
3　中抗
4　抗
5　高抗

3.8.5 立枯病抗性

植株对立枯病（*Rhizoctonia solani* Kühn.）的抵抗或者忍耐能力的强弱。

1　高感
2　易感
3　中抗
4　抗
5　高抗

3.8.6 甜菜筒喙象抗性

植株抵抗或者忍耐甜菜筒喙象（*Lixus subtilis*）侵害能力的强弱。

1　低抗
2　中抗
3　高抗

3.8.7 夜蛾抗性

植株抵抗或者忍耐夜蛾（Noctuidae）侵害能力的强弱。

1　低抗
2　中抗
3　高抗

3.8.8 象甲抗性

植株抵抗或者忍耐象甲（Curculionidae）侵害能力的强弱。

1　低抗
2　中抗
3　高抗

3.8.9 根蛆抗性

植株抵抗或者忍耐根蛆（*Delia antiqua*）侵害能力的强弱。

1　低抗
2　中抗
3　高抗

3.9 其他特征特性

3.9.1 用途

藜麦种质的最主要和普遍的用途。

1 粮用

2 饲用

3 菜用

4 观赏

5 兼性用途

3.9.2 核型

藜麦种质染色体的数目、大小、形态和结构特征的公式。

3.9.3 指纹图谱与分子标记

藜麦种质的指纹图谱和重要性状的分子标记类型及其特征参数。

3.9.4 备注

藜麦种质的特殊描述符或特殊代码的具体说明。

4 藜麦种质资源数据标准

序号	代号	描述符	字段名	字段英文名	字段类型	字段长度	字段小数位	单位	代　码	代码英文名	例　子
1	101	全国统一编号	统一编号	Accession number	C	7					ZL00001
2	102	种质库编号	库编号	Genebank number	C	8					I1L00001
3	103	引种号	引种号	Introduction number	C	9					201400001
4	104	采集号	采集号	Collecting number	C	10					2017530023
5	105	种质名称	种质名称	Accession name	C	20					蒙藜 1 号
6	106	种质外文名	种质外文名	Alien name	C	20					Kancolla
7	107	科名	科名	Family	C	30					Amaranthaceae（苋科）
8	108	属名	属名	Genus	C	40					*Chenopodium* L.（藜属）
9	109	学名	学名	Species	C	50					*Chenopodium quinoa* Willd.
10	110	原产国	原产国	Country of origin	C	16					玻利维亚

（续表）

序号	代号	描述符	字段名	字段英文名	字段类型	字段长度	字段小数位	单位	代　码	代码英文名	例　子
11	111	原产省	原产省	Province of origin	C	10					甘肃
12	112	原产地	原产地	Origin	C	20					天祝
13	113	海拔	海拔	Altitude	N	5	0	m			3000
14	114	经度	经度	Longitude	N	6	0				10284
15	115	纬度	纬度	Latitude	N	5	0				3724
16	116	来源地	来源地	Sample source	C	20					北京
17	117	保存单位	保存单位	Donor institute	C	40					中国农业科学院作物科学研究所
18	118	保存单位编号	单位编号	Donor accession number	C	7					中藜 00001
19	119	系谱	系谱	Pedigree	C	40					QA-L-12-15
20	120	选育单位	选育单位	Breeding institute	C	40					中国农业科学院作物科学研究所
21	121	育成年份	育成年份	Releasing year	D	4					2016
22	122	选育方法	选育方法	Breeding methods	C	20					常规
23	123	种质类型	种质类型	Biological status of accession	C	12			1：野生资源 2：地方品种 3：选育品种 4：品系 5：遗传材料 6：其他	1：Wild 2：Landrace 3：Improved cultivar 4：Breeding line 5：Genetic stocks 6：Other	选育品种
24	124	图像	图像	Image file name	C	30					ZL00001. jpg
25	125	观测地点	观测地点	Observation location	C	16					甘肃天祝
26	201	播种期	播种期	Sowing date	D	8					20180515

（续表）

序号	代号	描述符	字段名	字段英文名	字段类型	字段长度	字段小数位	单位	代　码	代码英文名	例　子
27	202	出苗期	出苗期	Emerging date	D	8					20180525
28	203	子叶颜色	子叶颜色	Cotyledon color	C	4			1：黄绿 2：绿 3：紫绿 4：红	1：Yellowish green 2：Green 3：Purple green 4：Red	绿
29	204	幼苗展开叶面色	幼苗叶面色	Color on cover of expended seedling leaf	C	4			1：黄绿 2：绿 3：深绿 4：紫绿 5：粉 6：红	1：Yellowish green 2：Green 3：Dark green 4：Purple green 5：Pink 6：Red	绿
30	205	幼苗心叶颜色	幼苗新叶色	Color on cover of new seedling leaf	C	4			1：绿 2：红绿 3：浅红 4：红	1：Green 2：Purple green 3：Red green 4：Red	绿
31	206	幼苗叶形	幼苗叶形	Seedling leaf shape	C	6			1：菱形 2：心形 3：掌形 4：披针形	1：Oval 2：Heart-shaped 3：Palmate 4：Lanceolate	卵形
32	207	叶片表皮盐泡细胞	叶片盐泡	Epidermal bladder cell on leaf	C	4			0：无 1：有	0：No epidermal bladder cell 1：Epidermal bladder cell	无

（续表）

序号	代号	描述符	字段名	字段英文名	字段类型	字段长度	字段小数位	单位	代　码	代码英文名	例　子
33	208	现蕾期	现蕾期	Flowerbud appearing date	C	8					20180725
34	209	成株期叶形	成株期叶形	Leaf shape of adult plant	C	6			1：掌形 2：心形 3：菱形 4：披针形	1：Palmate 2：Heart-shaped 3：Rhombus 4：Lanceolate	掌形
35	210	叶柄长	叶柄长	Petiole length	N	4	1	cm			5.6
36	211	叶片长	叶片长	Leaf blade length	N	4	1	cm			7.2
37	212	叶片宽	叶片宽	Leaf blade width	N	4	1	cm			6.5
38	213	叶面颜色	叶面颜色	Color of leaf cover	C	4			1：绿 2：紫绿 3：红 4：紫红	1：Green 2：Purple green 3：Red 4：Purpl red	绿
39	214	叶尖形状	叶尖形状	Shape of leaf top	C	6			1：菱形 2：柳叶形 3：三角形	1：Rhombus 2：Willow shape 3：Triangle	菱形
40	215	叶基形状	叶基形状	Shape of leaf base	C	4			1：渐狭 2：楔形 3：戟形	1：Gradually narrow 2：Wedge 3：Nearly cut	楔形
41	216	叶缘形态	叶缘形态	Shape of leaf edge	C	4			1：锯齿 2：波状 3：平滑	1：Sawtooth blade 2：Undulate blade 3：Smooth blade	锯齿

（续表）

序号	代号	描述符	字段名	字段英文名	字段类型	字段长度	字段小数位	单位	代　码	代码英文名	例　子
42	217	叶柄颜色	叶柄颜色	Petiole color	C	4			1：黄绿 2：绿 3：紫绿 4：红 5：黄 6：黄褐 7：紫红 8：混色	1：Light green 2：Green 3：Purple green 4：Red 5：Yellowish 6：Yellowish brown 7：Purple red 8：Mixed color	绿
43	218	植株分枝性	分枝性	Branching habit	C	16			1：单枝 2：有主穗基部小分枝 3：有主穗基部大分枝 4：无主穗分枝	1：Single branch 2：A main spike with small spikes at the base of stem 3：A main spike with big spikes at the base of stem 4：No main spike of branch	单枝
44	219	生长速度	生长速度	Growth velocity	C	4			1：缓慢 2：中等 3：快速	1：Slow 2：Medium 3：Rapidity	快速
45	220	再生性	再生性	Regeneration	C	4			1：弱 2：中 3：强	1：Weak 2：Medium 3：Strong	强
46	221	开花期	开花期	Flowering date	D	8					20180807
47	222	株型	株型	Plant type	C	8			1：紧凑型 2：半紧凑型 3：松散型	1：Compact 2：Semi-compact 3：Loose type	紧凑型

（续表）

序号	代号	描述符	字段名	字段英文名	字段类型	字段长度	字段小数位	单位	代　码	代码英文名	例　子
48	223	植株整齐度	整齐度	Plant uniformity	C	4			1：不齐 2：中等 3：整齐	1：No regularity 2：Medium 3：Regularity	整齐
49	224	株高	株高	Plant height	N	3	0	cm			178.5
50	225	茎粗度	茎粗	Stem diameter	N	3	1	cm			3.2
51	226	花期茎秆颜色	花期茎秆颜色	Stem color in flowering	C	4			1：橘黄 2：浅黄 3：黄 4：青 5：淡红 6：玫红 7：粉红 8：红 9：紫 10：混色	1：Orange 2：Light yellow 3：Yellow 4：Cyan-blue 5：Light red 6：Rose 7：Pink 8：Red 9：Purple 10：Mixed color	绿
52	227	主花序长度	主花序长度	Length of main inflorescence	N	4	1	cm			58.1
53	228	主花序粗度	主花序粗度	Width of main inflorescence	N	4	1	cm			12.2
54	229	主花序分枝性	主花序分枝性	Branching character of main inflorescence	C	2			1：无 2：少 3：中 4：多	1：None 2：Less 3：Medium 4：Multi	中

（续表）

序号	代号	描述符	字段名	字段英文名	字段类型	字段长度	字段小数位	单位	代　码	代码英文名	例　子
55	230	主花序类型	主花序类型	Branching type of main inflorescence	C	6			1：单枝形 2：圆筒形 3：纺锤形	1：Single branchshape 2：Cylindrical shape 3：Spindle shape	纺锤形
56	231	主花序紧密度	主花序紧密度	Compact density of main inflorescence	C	4			1：松弛 2：紧密	1：Slack 2：Densemode	松弛
57	232	主花序颜色	主花序颜色	Color of main inflo-rescence	C	4			1：奶油 2：黄 3：绿 4：橙 5：紫红	1：Cream 2：Yellow 3：Green 4：Orange 5：Purple red	黄
58	233	花簇类型	花簇类型	Type of flower	C	14			1：雌花为主 2：雄性败育花为主 3：两性花为主	1：Female flower 2：Mal sterile flower 3：Bisexual flower	雌花为主
59	234	单株鲜体重	单株鲜体重	Fresh weight per plant	N	5	1	g			320.5
60	235	单株茎干重	茎干重	Dry weight per plant	N	4	1	g			73.6
61	236	单株叶干重	单株叶干重	Dy leaf weight per plant	N	4	1	g			7.1
62	237	灌浆期	灌浆期	Grain filling date	D	8					20180820

（续表）

序号	代号	描述符	字段名	字段英文名	字段类型	字段长度	字段小数位	单位	代　码	代码英文名	例　子
63	238	茎叶早衰程度	茎叶早衰程度	Premature senescence of stems and leaves senescence of stems and leaves	C	8			1：无早衰 2：轻度早衰 3：中度早衰 4：重度早衰 5. 严重早衰	1：No premature aging 2：Light premature aging 3：Moderate premature aging 4：Severe premature aging 5：Extreme premature aging	无早衰
64	239	茎秆髓部质地	茎秆髓部质地	Stem pith texture	C	6			1：中空 2：半填充 3：填充	1：Hollow 2：Half-filled 3：Filled	中空
65	240	茎秆髓部汁液	茎秆髓部汁液	Stem pith juice	C	4			1：无汁 2：少汁 3：多汁	1：No juice 2：Less juice 3：More juicy	无汁
66	241	茎秆倒折率	茎秆倒折率	Stem logging rate	N	4	1	%			
67	242	成熟期	成熟期	Maturity date	D	8					20181006
68	243	全生育期	全生育期	Crop cycle	D	8		d			145
69	244	熟性	熟性	Maturity type	C	6			1：特早熟 2：早熟 3：中熟 4：晚熟 5：极晚熟	1：Very early maturing 2：Early maturing 3：Medium maturing 4：Late maturing 5：Very late maturing	早熟
70	245	成熟一致性	成熟一致性	Mature consistency	C	6			1：一致 2：中等 3：不一致	1：Neatly 2：Medium neatly 3：No neatly	一致

（续表）

序号	代号	描述符	字段名	字段英文名	字段类型	字段长度	字段小数位	单位	代　码	代码英文名	例　子
71	246	籽粒形状	籽粒形状	Grain shape	C	6			1：透镜状 2：圆柱状 3：椭球形 4：圆锥形	1：Lens 2：Cylinder 3：Ellipsoid 4：Conical	椭球形
72	247	籽粒颜色	籽粒颜色	Grain color	C	4			1：白 2：奶油 3：黄 4：橙 5：粉红 6：红 7：紫 8：褐 9：深褐 10：茶绿 11：黑	1：White 2：Cream 3：Yellow 4：Orange 5：Pink 6：Red 7：Purple 8：Brown 9：Dark brown 10：Green 11：Black	白
73	248	籽粒表皮皂苷度	籽粒表皮皂苷度	Grain epidermal saponin	C	4			1：无 2：少量 3：中等 4：多	1：No saponin 2：Less saponin 3：Saponin 4：Severe saponin	无皂苷
74	249	籽粒光泽	籽粒光泽	Grain luster	C	4			1：明亮 2：暗淡	1：Bright 2：Dim	明亮
75	250	籽粒整齐度	籽粒整齐度	Grain uniformity	C	6			1：不整齐 2：中等 3：整齐	1：No neatly 2：Medium neatly 3：Neatly	整齐

（续表）

序号	代号	描述符	字段名	字段英文名	字段类型	字段长度	字段小数位	单位	代　码	代码英文名	例　子
76	251	单株粒重	单株粒重	Grain weight per plant	N	5	1	g			80.2
77	252	千粒重	千粒重	Thousand grain weight	N	4	2	g			4.60
78	253	籽粒饱满度	籽粒饱满度	Grain fullness	C	6			1：不饱满 2：中等 3：饱满	1：Not full 2：Medium 3：Full	不饱满
79	254	成熟时茎秆颜色	成熟时茎秆颜色	Maturity stem color	C	4			1：黄 2：橙 3：红 4：紫 5：褐 6：灰 7：黑 8：绿 9：混色	1：Yellow 2：Orange 3：Red 4：Purple 5：Brown 6：Gray 7：Black 8：Green 9：Mixed color	黄
80	301	籽粒蛋白含量	蛋白质	Grain protein concentration	N	5	2	%			17.51
81	302	籽粒总淀粉含量	总淀粉	Grain starch concentration	N	4	1	%			60.3
82	303	籽粒总糖含量	总糖含量	Grain soluble carbohydrate concentration	N	4	1	%			10.2

（续表）

序号	代号	描述符	字段名	字段英文名	字段类型	字段长度	字段小数位	单位	代　码	代码英文名	例　子
83	304	籽粒粗脂肪含量	粗脂肪	Grain crude fat concentration	N	4	2	%			7.52
84	305	籽粒粗纤维含量	粗纤维	Grain crude fiber concentration	N	4	1	g/kg			12.9
85	306	籽粒黄酮含量	黄酮	Grain flavonoids concentration	N	5	2	mg/g			2.27
86	307	籽粒皂苷含量	皂苷	Grain saponins concentration	N	5	2	mg/g			2.56
87	308	籽粒苏氨酸含量	苏氨酸含量	Grain threonine concentration	N	5	2	g/100g			
88	309	籽粒缬氨酸含量	缬氨酸含量	Grain prolinecon-centration	N	5	2	g/100g			
89	310	籽粒异亮氨酸含量	异亮氨酸含量	Grain isoleucine content	N	5	2	g/100g			
90	311	籽粒亮氨酸含量	亮氨酸含量	Grain leucine content	N	5	2	g/100g			
91	312	籽粒苯丙氨酸含量	苯丙氨酸含量	Grain phenylalanine content	N	5	2	g/100g			
92	313	籽粒赖氨酸含量	赖氨酸含量	Grain lysine content	N	5	2	g/100g			
93	314	籽粒色氨酸含量	色氨酸含量	Grain tryptophan content	N	5	2	g/100g			
94	315	籽粒甲硫氨酸含量	甲硫氨酸含量	Grain methionine content	N	5	2	g/100g			

（续表）

序号	代号	描述符	字段名	字段英文名	字段类型	字段长度	字段小数位	单位	代　码	代码英文名	例　子
95	316	籽粒组氨酸含量	组氨酸含量	Grain histidine content	N	5	2	g/100g			
96	317	全株粗蛋白含量	全株粗蛋白	Crude protein concentration of plant	N	4	2	%			
97	318	全株粗脂肪含量	全株粗脂肪	Fat concentration of plant	N	4	1	%			
98	319	全株中性洗涤纤维含量	全株中性洗涤纤维	Neutral detergent fiber concentration of plant	N	4	2	%			
99	320	全株酸性洗涤纤维含量	全株酸性洗涤纤维	Acid detergent fiber concentration of plant	N	5	2	%			
100	321	全株总糖含量	全株可溶性总糖	Soluble total sugar concentration of plant	N	5	1	g/kg			
101	322	全株皂苷含量	全株皂苷含量	Saponin concentration of plant	N	5	2	mg/g			
102	401	苗期耐旱性	抗旱性	Drought tolerance of seedling	C	2			1：弱 2：中 3：强	1：Weak 2：Middle 3：Strong	弱

（续表）

序号	代号	描述符	字段名	字段英文名	字段类型	字段长度	字段小数位	单位	代　码	代码英文名	例　子
103	402	苗期耐寒性	抗寒性	Cold tolerance of seedling	C	2			1：弱 2：中 3：强	1：Weak 2：Middle 3：Strong	弱
104	403	耐高温性	耐高温性	High temperature tolerance	C	2			1：弱 2：中 3：强	1：Weak 2：Middle 3：Strong	弱
105	404	耐涝性	耐涝性	Waterlogging tolerance	C	2			1：弱 2：中 3：强	1：Weak 2：Middle 3：Strong	弱
106	405	耐盐性	耐盐性	Salt tolerance	C	4			1：敏感 2：中敏 3：中耐 4：耐盐 5：高耐	1：Sensitive 2：Medium sensitive 3：Medium salt tolerance 4：Salt tolerance 5：High salt tolerance	高耐
107	406	抗穗发芽性	抗穗发芽性	Anti-sprout capacity	C	4			1：低抗 2：中抗 3：高抗	1：Low resistance 2：Medium resistance 3：High resistance	高抗
108	407	除草剂耐受性	抗除草剂性	Herbicide tolerance	C	2			1：弱 2：中 3：强	1：Weak 2：Middle 3：Strong	弱

（续表）

序号	代号	描述符	字段名	字段英文名	字段类型	字段长度	字段小数位	单位	代码	代码英文名	例子
109	408	抗倒伏性	抗倒伏性	Lodging tolerance	C	4			1：不抗 2：低抗 3：中抗 4：高抗	1：No resistance 2：Low resistance 3：Medium resistance 4：High resistance	高抗
110	501	叶斑病抗性	叶斑病抗性	Resistance to leaf spot	C	4			1：高感 2：易感 3：中抗 4：抗 5：高抗	1：High susceptible 2：Susceptible 3：Medium resistance 4：Resistance 5：High resistance	高抗
111	502	霜霉病抗性	霜霉病抗性	Resistance to downy mildew	C	4			1：高感 2：易感 3：中抗 4：抗 5：高抗	1：High susceptible 2：Susceptible 3：Medium resistance 4：Resistance 5：High resistance	高抗
112	503	茎（根）腐病抗性	茎（根）腐病抗性	Resistance to stem (root) rot	C	4			1：高感 2：易感 3：中抗 4：抗 5：高抗	1：High susceptible 2：Susceptible 3：Medium resistance 4：Resistance 5：High resistance	高抗
113	504	病毒病抗性	病毒病抗性	Resistance to viral	C	4			1：高感 2：易感 3：中抗 4：抗 5：高抗	1：High susceptible 2：Susceptible 3：Medium resistance 4：Resistance 5：High resistance	高抗

（续表）

序号	代号	描述符	字段名	字段英文名	字段类型	字段长度	字段小数位	单位	代码	代码英文名	例子
114	505	立枯病抗性	立枯病抗性	Resistance to blight	C	4			1：高感 2：易感 3：中抗 4：抗 5：高抗	1：High susceptible 2：Susceptible 3：Medium resistance 4：Resistance 5：High resistance	高抗
115	506	甜菜筒喙象抗性	甜菜筒喙象抗性	Resistance to beet tube	C	4			1：低抗 2：中抗 3：高抗	1：Low resistance 2：Medium resistance 3：High resistance	高抗
116	507	夜蛾抗性	夜蛾抗性	Resistance to Noctuidae	C	4			1：低抗 2：中抗 3：高抗	1：Low resistance 2：Medium resistance 3：High resistance	高抗
117	508	象甲抗性	象甲抗性	Resistance to snout beetle	C	4			1：低抗 2：中抗 3：高抗	1：Low resistance 2：Medium resistance 3：High resistance	高抗
118	509	根蛆抗性	根蛆抗性	Resistance to rootmaggot	C	4			1：低抗 2：中抗 3：高抗	1：Low resistance 2：Medium resistance 3：High resistance	高抗
119	601	用途	用途	Purpose	C	8			1：粮用 2：饲用 3：菜用 4：观赏 5：兼性用途	1：Food 2：Forage 3：Vegetable 4：Appreciation 5：Multi-purpose	粮用

（续表）

序号	代号	描述符	字段名	字段英文名	字段类型	字段长度	字段小数位	单位	代　码	代码英文名	例　子
120	602	核型	核型	Karyotype	C	20					2n = 4x = 36 = 4M +9m+5msm
121	603	指纹图谱与分子标记	分子标记	Fingerprinting and molecular marker	C	40					
122	604	备注	备注	Remarks	C	30					

5　藜麦种质资源数据质量控制规范

5.1　范围

本规范规定了藜麦种质资源数据采集过程中的质量控制内容和方法。

本规范适用于藜麦种质资源的整理、整合和共享。

5.2　规范性引用文件

下列文件中的条款通过本规范的引用而成为本规范的条款。凡是注日期的引用文件，其随后所有的修改单（不包括勘误的内容）或修订版均不适用于本规范，然而，鼓励根据本规范达成协议的各方研究是否可使用这些文件的最新版本。凡是不注日期的引用文件，其最新版本适用于本规范。

ISO 3166 Codes for the Representation of Names of Countries

GB/T 2260 中华人民共和国行政区划代码

GB/T 2659 世界各国和地区名称代码

GB/T 3543 农作物种子检验规程

GB 5009.6 食品安全国家标准　食品中脂肪的测定

GB 5009.124 食品安全国家标准　食品中氨基酸的测定

GB/T 5513 粮油检验　粮食中还原糖和非还原糖测定法

GB/T 5515 粮油检验　粮食中粗纤维素含量测定　介质过滤法

GB/T 5519 谷物与豆类千粒重的测定

GB/T 6432 饲料中粗蛋白的测定　凯氏定氮法

GB/T 6433 饲料中粗脂肪的测定

GB/T 12404 单位隶属关系代码

GB/T 20806 饲料中中性洗涤纤维（NDF）的测定

NY/T 3 谷物、豆类作物种子粗蛋白测定法（半微量凯氏法）

NY/T 4 谷物、油料作物种子粗脂肪测定方法

NY/T 11 谷物籽粒粗淀粉测定法

NY/T 57 谷物籽粒色氨酸测定法

NY/T 1459 饲料中酸性洗涤纤维的测定

DB12/T 847 饲料中总糖的测定　分光光度法

5.3 数据质量控制的基本方法

5.3.1 形态特征和生物学特性观测试验设计

5.3.1.1　试验地点

试验地点的环境条件应能够满足藜麦植株正常生长及其性状的正常表达。

5.3.1.2　田间设计

藜麦在我国可春播、夏播甚至冬播。按照当地的藜麦种植习惯及气候特点，选择合适播期进行播种。藜麦种质资源的形态特征和生物学特性观测试验与藜麦种质资源的繁殖均采用相同的田间设计。

田间试验由藜麦种质资源鉴定单位统一组织，每一份种质采用不完全随机区组设计，重复2~3次，5行区，行长3~5m，株距保持在0.15~0.25m，行距依当地藜麦生产实际确定，一般为0.4~0.5m。五叶展开前后要及时补种或移栽补缺。形态特征和生物学特性观测试验应设置对照品种。

5.3.1.3　栽培环境条件控制

试验地的土质应该有当地的代表性；土壤肥力中等、均匀；试验地应具有灌溉条件；试验地要远离污染，无人畜侵扰，附近无高大建筑物。根据当地实际情况确定栽培措施。试验地的田间管理与藜麦生产田基本相同，但需要及时除去杂株和防治病虫害，保证植株的正常生长。试验地周围应设置保护行和保护区。繁种田应有隔离措施，以避免生物学混杂。

5.3.2 数据采集

形态特征和生物学特性观测试验原始数据的采集应在种质正常生长的情况下获得。按照统一的记载标准，进行田间调查。从中间行的第三株起连续调查10株以上，成熟期同样取得室内考种样品。如遇自然灾害等因素严重影响植株正常生长，应重新进行观测试验和数据采集。

5.3.3 试验数据的统计分析和校验

每份种质的形态特征和生物学特性观测数据依据对照品种进行校验。利用每年2~3次重复和连续2年观察试验的校验值，计算每份种质性状的平均值、变异系数和标准差，并进行方差分析，判断试验结果的稳定性和可靠性。取校验值的平均值作为该种质的性状观察值。

5.3.4 品质特性鉴定

由定点检测单位，根据已颁布的国家标准化检测方法对相关品质性状进行检测，在缺乏国家标准时，采用公认行业标准进行检测。如无国家标准和行业标准，则以国际标准或国内比较公认的先进方法为依据。根据品质检测所需的样品重量，以随机取样的方式获取送检样品。检测单位对同一样品进行二次平行测定，当平行测定结果在15%以下时，其相对误差不得大于3%；测定结果在15%~30%时，其相对误差不得大于2%；测定结果在30%以上时，其相对误差不得大于1%。品质分析的结果以二次平行测定值的算术平均数表示。

5.4 基本信息

5.4.1 全国统一编号

由全国藜麦种质资源编目主持单位赋予的全国唯一编号。国内藜麦种质资源的全国统一编号是由ZL加阿拉伯数字顺序号组成的7位字符串，顺序号前由0来补足字符空白，如“ZL00001”。国外引进藜麦种质资源的全国统一编号由YL加阿拉伯数字顺序号组成的7个字符串，顺序号前由0来补足字符空白，如“YL00001”。

5.4.2 种质库编号

藜麦种质资源的种质库编号是由I1L加5位顺序号组成的8位字符串，如“I1L00138”，其中“I1L”代表藜麦，后五位为顺序号，从“00001”到“99999”，代表具体藜麦种质的库位编号。只有已进入国家农作物种质资源长期库保存的种质才有种质库编号。每份种质具有唯一的种质库编号。

5.4.3 引种号

引种号是由年份加5位顺序号组成的9位字符串，如“201600032”，前4位表示引入年份，后5位为引种顺序号，从“00001”到“99999”。每份引进种质具有唯一的引种号。

5.4.4 采集号

在野外考察采集中赋予的种质编号。

采集号由考察队统一确定。一般由年份加省份缩写加4位顺序号组成。如2017620020表示2017年在甘肃考察采集的第20号种质。

5.4.5 种质名称

国内种质的原始名称和国外引进种质的中文译名。国外引进种质如果没有中文译名，可以直接填写种质的外文名。

5.4.6 种质外文名

国外引进种质的外文名和国内种质的汉语拼音名。为汉语拼音名时，每个汉字的汉语拼音之间空一格，每个汉字汉语拼音的首写字母大写，如“Meng Li”。国外引进种质的外文名应注意大小写和空格。

5.4.7 科名

科名由拉丁名加英文括号内的中文名组成，如“Amaranthaceae（苋科）”，如没有中文名，直接填写拉丁名。

5.4.8 属名

属名由拉丁名加英文括号内的中文名组成，如“*Chenopodium* L.（藜属）”，如没有中文名，直接填写拉丁名。

5.4.9 学名

学名由拉丁名加英文括号内的中文名组成，如“*Chenopodium quinoa* Willd.（藜麦）”，如没有中文名，直接填写拉丁名。

5.4.10 原产国

藜麦种质资源的原产国家名称、地区名称或国际组织名称。国家和地区名称参照 ISO 3166 和 GB/T 2659，如该国家已不存在，应在原国家名称前加“原”，如“原苏联”。国际组织名称用该组织的外文缩写，如“ICBA”。

5.4.11 原产省

藜麦种质资源的原产省份名称。省份名称参照 GB/T 2260；国外引进种质原产省用原产国家的一级行政区的名称。

5.4.12 原产地

国内藜麦种质资源原产地的县（区、县级市）、乡、村名称。县名参照 GB/T 2260。

5.4.13 海拔

藜麦种质资源原产地的海拔高度。单位为 m。

5.4.14 经度

藜麦种质资源原产地的经度，单位为度和分。格式为 DDDFF，其中 DDD 为度，FF 为分。东经为正值，西经为负值，例如，“8143”代表东经 81°43′，“-8242”代表西经 82°42′。

5.4.15 纬度

藜麦种质资源原产地的纬度，单位为度和分。格式为 DDFF，其中 DD 为度，FF 为分。北纬为正值，南纬为负值，例如，“4327”代表北纬 43°27′，“-4212”代表南纬 42°12′。

5.4.16 来源地

国内藜麦种质的来源省、县名称，国外引进种质的来源国家、地区名称或国际组织名称。国家、地区和国际组织名称同 4.10，省和县名称参照 GB/T 2260。

5.4.17 保存单位

藜麦种质提交国家种质资源长期库前的原保存单位名称。单位名称应写全称，例如“中国农业科学院作物科学研究所”。

5.4.18 保存单位编号

藜麦种质原保存单位赋予的种质编号，保存单位编号在同一保存单位应具有唯一性。

5.4.19 系谱

藜麦选育品种（系）的亲缘关系。

5.4.20 选育单位

选育藜麦品种（系）的单位名称或个人。单位名称应写全称，如“中国农业科学院作物科学研究所”。

5.4.21 育成年份

藜麦品种（系）培育成功的年份。例如“2014”“2017”等。

5.4.22 选育方法

藜麦品种（系）的育种方法。例如“混合选择”“杂交”“诱变”等。

5.4.23 种质类型

藜麦种质资源的类型，分为：

1　国外品种
2　地方品种
3　选育品种
4　品系
5　遗传材料
6　其他

5.4.24 图像

藜麦种质的图像文件名。图像格式为.jpg。图像文件名由统一编号加半连号“-”加图像序号加“.jpg”组成。如有多个图像文件，图像文件名用英文分号分隔，如“ZL00101-1.jpg；ZL00101-2.jpg”。图像对象主要包括植株、花序、特异性状等，图像要清晰，对象要突出。

5.4.25 观测地点

藜麦种质资源形态特征和生物学特性的鉴定观测地点的名称，记录到省和县名，如“甘肃天祝”。

5.5 形态特征和生物学特性

5.5.1 播种期

为了藜麦种质资源的田间试验和繁种更新而播种的日期，以“年月日”来表示，格式为YYYYMMDD。如“20180515”，表示2018年5月15日播种。

5.5.2　出苗期

播种后，全试验小区50%以上的子叶露出地面1cm的日期，以“年月日”来表示，格式为YYYYMMDD。如“20180525”，表示2018年5月25日出苗。

5.5.3　子叶颜色

第一对子叶展开时，以试验小区幼苗为观测对象，在正常光照条件下，采用目测法观察子叶正面的颜色。根据观察结果，按最大相似原则，确定种质的子叶颜色。

1　黄绿
2　绿
3　紫绿
4　红

上述没有列出的其他子叶颜色，需要另外给予详细的描述和说明。

5.5.4　幼苗展开叶面色

4叶至5叶期，以试验小区幼苗为观测对象，幼苗叶片正面的颜色。在正常光照条件下，采用目测法观察完全展开叶片的正面颜色。根据观察结果，按最大相似原则，确定种质的幼苗叶片颜色。

1　黄绿
2　绿
3　深绿
4　紫绿
5　粉
6　红

上述没有列出的其他颜色，需要另外给予详细的描述和说明。

5.5.5　幼苗心叶叶色

4叶至5叶期，以试验小区幼苗为观测对象，幼苗心叶正面的颜色。在正常光照条件下，采用目测法观察心叶正面的颜色。根据观察结果，按最大相似原则，确定种质的幼苗心叶叶片颜色。

1　绿
2　红绿
3　浅红
4　红

上述没有列出的其他颜色，需要另外给予详细的描述和说明。

5.5.6　幼苗叶形

5叶期时，以试验小区幼苗为观测对象，采用目测法观察幼苗叶片的形状。根据观察结果及幼苗叶形模式图，确定种质的幼苗叶形。

1　　菱形

2　　心形

3　　掌形

4　　披针形

5.5.7　叶片盐泡

5 叶期时，以试验小区幼苗为观测对象，采用目测法观察幼苗心叶上表皮有无盐泡。

0　　无

1　　有

5.5.8　现蕾期

全区 50% 以上植株显现出顶生花序的日期。以“年月日”表示，格式为“YYYYMMDD”。如“20180725”，表示 2018 年 7 月 25 日现蕾。

5.5.9　成株期叶形

开花期，以试验小区植株为观测对象，采用目测法观察主茎秆中部叶片的形状。

根据观察结果及叶形模式图，确定种质的成株期叶形。

1　　掌形

2　　心形

3　　菱形

4　　披针形

5.5.10　叶柄长

开花期主茎秆中部最大叶片的叶柄与主茎秆连结处至叶片基部的距离。自试验小区中间行的第三株起，用直尺连续测量 10 株主茎中部最大叶片的叶柄长度，取平均数。单位为 cm，精确到 0.1。

5.5.11　叶片长

开花期主茎秆中部最大叶片基部至端部的距离。以 5.5.10 所测叶片为对象，用直尺测量叶片的长度，取平均数。单位为 cm，精确到 0.1。

5.5.12　叶片宽

开花期主茎秆中部最大叶片最宽处的横向距离。以 5.5.10 所测叶片为对象，用直尺测量叶片中部最宽处宽度，取平均数。单位为 cm，精确到 0.1。

5.5.13　叶面颜色

开花期，以试验小区植株为观测对象，在正常光照条件下，采用目测法观察主茎秆中部叶片正面的颜色。

根据观察结果，按最大相似原则，确定种质的叶面颜色。

1　　绿

2　　紫绿

3　　红

4　　紫红

上述没有列出的其他颜色，需要另外给予详细的描述和说明。

5.5.14　叶尖形状

开花期，以试验小区植株为观测对象，采用目测法观察主茎秆中部叶片顶端的形状。

根据观察结果及叶尖形状模式图，确定种质的叶尖形状。

1　　菱形

2　　柳叶形

3　　三角形

5.5.15　叶基形状

开花期，以试验小区植株为观测对象，采用目测法观察主茎秆中部叶片基部的形状。

根据观察结果及叶基形状模式图，确定种质的叶基形状。

1　　渐狭

2　　楔形

3　　戟形

5.5.16　叶缘形态

开花期，以试验小区植株为观测对象，采用目测法观察主茎秆中部叶片边缘的形态。

根据观察结果及叶缘形态模式图，确定种质的叶缘形态。

1　　锯齿

2　　波状

3　　平滑

5.5.17　叶柄颜色

开花期，以试验小区植株为观测对象，采用目测法观察主茎秆中部叶片的叶柄颜色。

根据观察结果，按照最大相似原则，确定种质的叶柄颜色。

1　　黄绿

2　　绿

3　　紫绿

4　　红

5　　黄

6　　黄褐

7　紫红

8　混色

上述没有列出的其他颜色，需要另外给予详细的描述和说明。

5.5.18　植株分枝性

主茎秆腋芽萌生的一级有穗分枝的多少。在主花序基部种子成熟时，从试验小区中间行第三株开始连续观察 10 株，计数主茎秆一级有穗分枝的数量，并计算出单株的分枝数。调查时尚未现蕾的分枝不计在内。

根据观测结果及下列分级标准，确定种质的分枝性。

1　单枝

2　有主穗基部小分枝

3　有主穗基部大分枝

4　无主穗分枝

5.5.19　生长速度

藜麦在现蕾期的日生长速度。藜麦进入现蕾期以后，从小区中间行的第三株起，用直尺连续测定 10 株的株高，隔 10d 再次重复测定株高，计算单株每日株高的平均增长值。

根据测量结果及下列分级标准，确定种质的生长速度。

1　缓慢（日增株高≤3.0cm）

2　中等（3.0cm<日增株高≤5.0cm）

3　快速（日增株高>5.0cm）

5.5.20　再生性

倒春寒霜冻后，藜麦再生性的强弱，反映种质萌发成枝的能力，所需要的天数越短，再生性越强。

1　弱（10d 以上，新枝形成缓慢）

2　中（5~10d，新枝生长较慢）

3　强（5d 以内，新枝萌生很快）

5.5.21　开花期

全区 50%以上植株开始开花的日期。以“年月日”表示，格式为“YYYYMMDD”。如“20180807”，表示 2018 年 8 月 7 日开花。

5.5.22　株型

开花期以后，以试验小区植株为研究对象，目测植株分枝或叶柄与主茎茎秆的紧密程度。按照角度从小到大的顺序分为 3 类。

1　紧凑型

2　半紧凑型

3　松散型

5.5.23 植株整齐度

小区植株株高的整齐程度。在行距和株距（尤其要避免双株同穴的情况）相对一致的条件下，于盛花期采用目测法调查植株整齐度。高矮株相差 20cm 可以认为株高基本一致。

根据观测结果及下列说明，确定种质的植株整齐度。

1　不齐（70%以下植株的株高基本一致）

2　中等（70%~90%植株的株高基本一致）

3　整齐（90%以上植株的株高基本一致）

5.5.24 株高

自地面至主穗顶部的距离（穗直立），或自地面至植株最高处的距离（穗下垂）。成熟期，从小区中间行第三株开始连续观测 10 株，取平均数。单位为 cm，精确到 0.1。

5.5.25 茎粗度

成熟期植株中部或基部的直径。成熟期，从小区中间行第三株开始连续观测 10 株，取平均数。单位为 cm，精确到 0.1。

5.5.26 花期茎秆颜色

植株主花序为圆锥状类型，至开花期第一朵花时，以试验小区植株为观测对象，采用目测法，根据观察结果，按照最大相似原则，确定种质植株主茎中部茎秆所呈现的颜色。

1　橘黄

2　浅黄

3　黄

4　青

5　淡红

6　玫红

7　粉红

8　红

9　紫

10　混色

上述没有列出的其他颜色，需要另外给予详细的描述和说明。

5.5.27 主花序长度

在开花期测量主茎花序基部到顶端的距离，如果花序弯曲，应分段测定后相加。从小区中间行第三株开始，用直尺连续测量 10 株，取平均值。单位为 cm，精确到 0.1。

5.5.28　主花序粗度

在开花期测量主茎花序最粗部位的直径。从小区中间行第三株开始，用直尺连续测量 10 株，取平均值。单位为 cm，精确到 0.1。

5.5.29　主花序分枝性

主花序一级分枝数量的多少。成熟期，从小区中间行第三株开始，连续计数 10 株的主花序一级分枝数量，取平均数。

根据观测结果及下列说明，确定种质的主花序分枝性。

1　无（花序分枝数≤3 个）

2　少（3 个<花序分枝数≤5 个）

3　中（5 个<花序分枝数≤10 个）

4　多（花序分枝数>10 个）

5.5.30　主花序类型

成熟期时，以整个小区为观察对象，采用目测法观察多数植株主花序所表现出的形状。

1　单枝形

2　圆筒形

3　纺锤形

5.5.31　花序紧密度

成熟期时，以整个小区为观察对象，采用目测法观察多数圆锥花序所表现出的松散程度。

1　松弛

2　紧密

5.5.32　主花序颜色

盛花期，以整个小区植株主花序为观察对象，在正常光照条件下，采用目测法观察主花序的颜色。主花序的颜色主要由花被片的颜色所决定，植株间存在一定差异，以大多数植株的主花序颜色为准。

根据观察结果，按照最大相似原则，确定主花序颜色。

1　奶油

2　黄

3　绿

4　橙

5　紫红

上述没有列出的其他颜色，需要另外给予详细的描述和说明。

5.5.33　花簇类型

藜麦植株上同时分布有雌花、雄性败育花和两性花，其三者间的比例受品种、遗传背景和生长环境影响。开花期以整个小区为观察对象，采用目测法观察花的类型。

根据观察结果，结合下列说明花的类型，确定种质的花簇类型。

1　雌花为主（同一花簇中雌花占大多数）

2　雄性败育花为主（同一花簇中雄花占大多数）

3　两性花为主（同一株上两性花占大多数）

5.5.34　单株鲜体重

藜麦的单株鲜体重量，反映青饲料的生产能力。在灌浆中期（主花序中部开始灌浆）的上午 9:00—10:00，齐地面收割 10 个植株的地上部分，并立即称重，计算单株鲜体重。单位为 g，精确到 0.1。

5.5.35　单株茎干重

藜麦的单株茎秆的干重。在灌浆中期（主花序中部开始灌浆），齐地面收割 10 个植株的地上部分，去除叶片和叶柄，将茎秆进行 65℃烘干至恒重。单位为 g，精确到 0.1。

5.5.36　单株叶干重

藜麦的单株叶片的干重。在灌浆中期（主花序中部开始灌浆），齐地面收割 10 个植株的地上部分，去除主茎，将叶片和叶柄进行 65℃烘干至恒重。单位为 g，精确到 0.1。

5.5.37　灌浆期

全区 50%以上植株开始灌浆的日期。以“年月日”表示，格式为“YYYYMMDD”。如“20180820”，表示 2018 年 8 月 20 日开始灌浆。

5.5.38　茎叶早衰程度

成熟期茎秆和叶片枯萎的程度。以整个小区的所有植株为观测对象，成熟期调查茎秆和叶片枯萎的程度。

根据观察结果及下列说明，确定种质的茎叶早衰程度。

1　无早衰（中上部叶片未发黄，生长正常）

2　轻度早衰（中上部小于 5%叶片发黄，生长发育基本正常）

3　中度早衰（中上部 5%~20%叶片黄化，部分植株矮化）

4　重度早衰（中上部 20%~50%叶片黄化，生长发育受阻）

5　严重早衰（中上部 50%以上叶片黄化，生长发育严重受阻）

5.5.39　茎秆髓部质地

成熟期茎秆中部的充实情况。成熟期从中间行随机取样 2~3 株，用刀将植株中部横切断，然后采用目测法观察茎秆髓部质地。

根据观察结果及下列说明，确定种质的茎秆髓部质地。

1　中空（茎秆髓部空心）

2　半填充（茎秆髓部部分填充）

3　填充（茎秆髓部完全填充）

5.5.40　茎秆髓部汁液

成熟期茎秆含汁液的多少。以 5.5.39 所取样品为观察对象，用手将茎秆中部弯折 180°，目测弯折部位所含汁液的多少。

根据观察结果及下列说明，确定茎秆髓部汁液。

1　无汁（弯折部位茎秆无汁液）

2　少汁（弯折部位茎秆可见到汁液但不流出）

3　多汁（弯折部位茎秆可见到流出的汁液）

5.5.41　茎秆倒折率

成熟期茎秆倒折的百分率。以整个小区的所有植株为观测对象，成熟期在田间目测，估计茎秆倒折植株占小区总株数的比例。以%表示。

5.5.42　成熟期

全区 80%以上植株主花序中部种子蜡熟的日期。以“年月日”表示，格式为“YYYYMMDD”。如“20181006”，表示 2018 年 10 月 06 日成熟。

5.5.43　全生育期

出苗期次日至成熟期所经历天数。单位为 d。

5.5.44　熟性

以整个小区的所有植株为观测对象，依据生育期的长短，将熟性分为 5 个等级。根据观察结果及下列说明，确定种质的熟性。

1　特早熟（全生育期≤90d）

2　早熟（90d<全生育期≤105d）

3　中熟（105d<全生育期≤130d）

4　晚熟（130d<全生育期≤150d）

5　极晚熟（全生育期>150d）

5.5.45　成熟一致性

未成熟的种子，一般不具有成熟籽粒的色泽。选取成熟期收获的籽粒为观察对象，采用目测法观察和估计具有成熟种子色泽的籽粒比例。

根据观察结果及下列说明，确定种质的成熟一致性。

1　一致（不具有成熟种子色泽的籽粒比例<5%）

2　中等（5%≤不具有成熟种子色泽的籽粒比例<10%）

3　不一致（不具有成熟种子色泽的籽粒比例≥10%）

5.5.46　籽粒形状

藜麦的种子基本为圆形，因中部隆起的程度不同而呈现出形状差别。脱粒风干后，以收获的饱满种子为观察对象，从种子侧面采用目测法观察种子形状。

根据观察结果，参照种子形状模式图及下列说明，确定种质的种子形状。

1 透镜状
2 圆柱状
3 椭球形
4 圆锥形

5.5.47 籽粒颜色

脱粒风干后，以收获的种子为观察对象，在正常光照条件下，采用目测法观察成熟种子的颜色。根据观察结果，按照最大相似原则，确定种质的粒色。

1 白
2 奶油
3 黄
4 橙
5 粉红
6 红
7 紫
8 褐
9 深褐
10 茶绿
11 黑

上述没有列出的其他颜色，需要另外给予详细的描述和说明。

5.5.48 籽粒表皮皂苷度

脱粒风干后，以收获的种子为观察对象，目测籽粒表皮皂苷含量的等级。将籽粒表皮的皂苷含量分为 4 个等级。

1 无（表皮洁净，无皂苷附着）
2 少量（表皮稍有皂苷附着）
3 中等（表皮皂苷附着中等）
4 多（表皮皂苷附着较重）

5.5.49 籽粒光泽

脱粒风干后，以收获的种子为观察对象，在正常光照条件下，采用目测法观察成熟种子光泽的明暗程度。

1 明亮
2 暗淡

5.5.50 籽粒整齐度

脱粒风干后，随机抽取约 1g 饱满种子，采用目测法观察和估计小粒占总粒数的百分率，判定籽粒整齐度。

根据观察结果及下列说明，确定种质的籽粒整齐度。

1　不整齐（小粒>10%）

2　中等（5%<小粒≤10%）

3　整齐（小粒≤5%）

5.5.51　单株粒重

成熟期，从小区中间行第三株起，连续收获 10 株，经脱粒、清选、风干，用 1/100 天平称取种子重量。称重两次，两次称重的间隔在一周以上，两次的重量误差不超过 10%，否则重新称重。以两次测量值的算术平均数，计算单株粒重平均数。单位为 g，精确到 0.1。

5.5.52　千粒重

1 000 粒成熟种子的风干重。以收获后风干的种子为测定对象，随机数取 1 000 粒风干种子，用 1/100 天平称取千粒重。3 次重复，测定结果取 3 次测定值的平均数。单位为 g，精确到 0.01。

5.5.53　籽粒饱满度

正常成熟籽粒自然干燥后，以试验小区植株的籽粒为观察对象，随机抽取 100~200 粒，目测籽粒的充实度。根据观察结果及以下说明，评价种质的籽粒饱满度。

1　不饱满（籽粒皮凹陷不平或瘪瘦）

2　中等（籽粒皮无凹陷，但充实度不够）

3　饱满（籽粒皮光滑，充实度很好）

5.5.54　成熟时茎秆颜色

正常成熟的植株主茎中部茎秆的颜色，以试验小区多数植株的中部茎秆为对象进行目测观察茎秆的颜色。

1　黄

2　橙

3　红

4　紫

5　褐

6　灰

7　黑

8　绿

9　混色

上述没有列出的其他颜色，需要另外给予详细的描述和说明。

5.6 品质特性

5.6.1 籽粒蛋白含量

随机称取风干籽粒50g，去除籽粒中杂质，然后置于旋风磨中粉碎，粉末全部通过直径0.5mm筛（40目），混匀，制备成待测试样。

称取适量待测试样，按照“NY/T 3 谷物、豆类作物种子粗蛋白测定法（半微量凯氏法）”进行蛋白含量的测定。

两次平行测定结果的相对相差不得大于3%，否则重新测定。测定结果取两次平行测定值的平均数，用%表示，精确到0.01。同时在检验结果报告中应注明氮换算成蛋白质的系数。

5.6.2 籽粒总淀粉含量

以5.6.1中制备的待测试样为测定对象，按照“NY/T 11 谷物籽粒粗淀粉测定法”，进行总淀粉含量的测定。

两次平行测定结果的相对相差不得大于1%，否则重新测定。测定结果取两次平行测定值的平均数，用%表示，精确到0.1。

5.6.3 籽粒总糖含量

以5.6.1中制备的待测试样为测定对象，按照“GB/T 5513 粮油检验　粮食中还原糖和非还原糖测定法”，进行总糖含量的测定。

两次平行测定结果的相对相差不得大于1%，否则重新测定。测定结果取两次平行测定值的平均数，用%表示，精确到0.1。

5.6.4 籽粒粗脂肪含量

以5.6.1中制备的待测试样为测定对象，按照“GB 5009.6 食品安全国家标准食品中脂肪的测定”或“NY/T 4 谷物、油料作物种子粗脂肪测定方法”，进行粗脂肪含量的测定。

两次平行测定结果的相对相差不得大于5%，否则重新测定。测定结果取两次平行测定值的平均数，用%表示，精确到0.01。

5.6.5 籽粒粗纤维含量

以5.6.1中制备的待测试样为测定对象，按照“GB/T 5515 粮油检验　粮食中粗纤维素含量测定　介质过滤法”，进行粗纤维含量的测定。

两次平行测定结果的相对相差不得大于1%，否则重新测定。测定结果取两次平行测定值的平均数，用g/kg表示，精确到0.1。

5.6.6 籽粒黄酮含量

以5.6.1中制备的待测试样为测定对象，按照比色法进行测定，吸取0.2ml提取液至5ml离心管中，加入0.125%二苯基硼酸-2-氨基乙酯（溶于甲醇）

2ml，混匀并在室温下静置 10 min。以试剂作空白，在 405 nm 波长下测定吸光度值，以槲皮素标准溶液制定的标准曲线换算出样品中总黄酮的含量。(胡一波等，2017)

两次平行测定结果的相对相差不得大于 1%，否则重新测定。测定结果取两次平行测定值的平均数，用 mg/g 表示，精确到 0. 01。

5. 6. 7　籽粒皂苷含量

以 5. 6. 1 中制备的待测试样为测定对象，按照“齐墩果酸分光光度法”，进行皂苷含量的测定，取 1ml 提取液至 10ml 离心管中，加入 5%香草醛冰醋酸溶液 0. 8ml 和高氯酸 3. 2ml 摇匀。在 50℃水浴条件下加热 10min，取出后立即用流水冷却 10min，摇匀。以试剂作空白，在 560nm 波长下用酶标仪测定吸光度值，以齐墩果酸标准溶液制定的标准曲线换算出样品中总皂苷的含量。

两次平行测定结果的相对相差不得大于 1%，否则重新测定。测定结果取两次平行测定值的平均数，用 mg/g 表示，精确到 0. 01。

5. 6. 8　籽粒苏氨酸含量

收割脱粒后，籽粒充分自然干燥，按照 GB 5009. 124（食品安全国家标准食品中氨基酸的测定）的规定测定氨基酸含量，包括苏氨酸、缬氨酸、异亮氨酸、亮氨酸、苯丙氨酸、组氨酸、赖氨酸、甲硫氨酸等 8 种必需氨基酸含量。

测定结果取两次平行测定值的平均数，用 g/100g 表示，试样氨基酸含量在 1. 00g/100g 以下，保留 2 位有效数字；含量在 1. 00g/100g 以上，保留 3 位有效数字。在重复性条件下获得的两次独立测定结果的绝对差值不得超过算术平均值的 12%。

5. 6. 9　籽粒缬氨酸含量

同 5. 6. 8（苏氨酸）

5. 6. 10　籽粒异亮氨酸含量

同 5. 6. 8（苏氨酸）

5. 6. 11　籽粒亮氨酸含量

同 5. 6. 8（苏氨酸）

5. 6. 12　籽粒苯丙氨酸含量

同 5. 6. 8（苏氨酸）

5. 6. 13　籽粒赖氨酸含量

同 5. 6. 8（苏氨酸）

5. 6. 14　籽粒甲硫氨酸含量

同 5. 6. 8（苏氨酸）

5. 6. 15　籽粒组氨酸含量

同 5. 6. 8（苏氨酸）

5.6.16　籽粒色氨酸含量

收割脱粒后，粒粒充分自然干燥，按照NY/T 57（谷物籽粒色氨酸测定法）的规定测定色氨酸含量。测定结果取两次平行测定值的平均数，用g/100g表示，结果保留2位有效数字。两个平行样品色氨酸测定值为0.10g/100g以下时相对差允许为8%；0.10g/100g或0.10g/100g以上时为5%。

5.6.17　全株粗蛋白含量

在藜麦灌浆期，随机选取10株藜麦，切碎后按照4分法缩减取样，进行105℃杀青，粉碎以后，粉末全部通过直径0.42mm筛，混匀，制备成待测试样。依照“GB/T 6432饲料中粗蛋白的测定凯氏定氮法”中规定的方法进行测定。

每个测试样需进行两次平行测试，以其算数平均值为测定结果，以%表示，精确到0.01。

5.6.18　全株粗脂肪含量

以5.6.17中制备的待测试样为测定对象，依照GB/T 6433（饲料中粗脂肪的测定）中规定的方法进行测定。

每个测试样需进行两次平行测试，以其算数平均值为测定结果，以%表示，精确到0.1。

5.6.19　全株中性洗涤纤维含量

以5.6.17中制备的待测试样为测定对象，依照GB/T 20806［饲料中中性洗涤纤维（NDF）的测定］中规定的方法进行测定。

每个测试样需进行两次平行测试，以其算数平均值为测定结果，以%表示，精确到0.01。当中性洗涤纤维含量≤10%，允许相对偏差≤5%；中性洗涤纤维含量>10%，允许相对偏差≤3%。

5.6.20　全株酸性洗涤纤维含量

以5.6.17中制备的待测试样为测定对象，依照NY/T 1459（饲料中酸性洗涤纤维的测定）中规定的方法进行测定。

每个测试样需进行两次平行测试，以其算数平均值为测定结果，以%表示，精确到0.01。当中性洗涤纤维含量≤10%，允许相对偏差≤5%；中性洗涤纤维含量>10%，允许相对偏差≤3%。

5.6.21　全株总糖含量

以5.6.17中制备的待测试样为测定对象，依照DB12/T 847（饲料中总糖的测定　分光光度法）中规定的方法进行测定。

总糖含量≤50g/kg时，在重复性条件下获得的两次独立测定结果的绝对值不得超过算术平均值的10%；总糖含量>50g/kg时，在重复性条件下获得的两次独立测定结果的绝对值不得超过算术平均值的5%。

5.6.22 全株皂苷含量

以 5.6.17 中制备的待测试样为测定对象，按照“齐墩果酸分光光度法”，进行皂苷含量的测定，参考 5.6.7。

两次平行测定结果的相对误差不得大于 1%，否则重新测定。测定结果取两次平行测定值的平均数，用 mg/g 表示，精确到 0.01。

5.7 抗逆性

5.7.1 苗期耐旱性

藜麦出苗期容易遭受干旱胁迫而影响生长（出苗以后抗旱性较强），因此藜麦的耐旱性主要在苗期开展耐旱性鉴定（反复干旱法）（胡荣海等，1985）。

将消毒营养土和蛭石按 3∶1 比例混合作基质，进行高温灭菌。花盆中育苗，每盆播种 5 粒，出苗 5 天定苗 1 株，每份种质 3 次重复，随机区组排列。设置一个具有良好抗旱性的对照品种。正常栽培管理，保持土壤湿润，约 15d 至五叶期时进行停水管理，待所有供试种质出现永久萎蔫 3~4d 后，进行复水处理。然后继续第二次、第三次干旱复水处理后，调查植株死亡率。

根据植株死亡率的级别将抗旱性分为 3 级。

1　弱（成活植株占总苗数<65%）

2　中（65%≤成活植株占总苗数<85%）

3　强（成活植株占总苗数≥85%）

注意事项：

试验环境条件要保证一致性和稳定性；要采用相同的育苗基质配方、花盆规格和一致性的肥水管理，使幼苗茁壮生长、整齐一致；对照品种要有代表性，对照品种自身的表现应无差异或差异不明显，则鉴定试验合格。若对照品种自身表现差异显著，则需要重新进行试验。

5.7.2 苗期耐寒性

藜麦分枝期以后耐寒性较强，出苗期容易遭受低温、霜冻、倒春寒等胁迫而影响生长。藜麦的苗期耐寒性主要采用苗期耐寒性鉴定方法来评价（王彦荣等，2002）。

将消毒营养土和蛭石按 3∶1 比例混合作为基质，高温下灭菌。每个花盆播种 5 粒，出苗 5 天后定苗 1 株，每份种质 3 次重复，并设一个具有耐寒性的对照品种。正常栽培管理，保持土壤湿润，约五叶期后，移至（0±1）℃条件下，放置 24h，然后移至 20~25℃条件下放置 72h。重复 3 次低温处理后，观察幼苗耐寒情况。

分析方法：计算各品种的受害程度的平均分数 AS ＝（$1X_1+2X_2+3X_3+4X_4+$

$5X_5$）/测定样株总数；其中 X_1、X_2、X_3、X_4、X_5分别为无伤害、部分伤害、明显伤害、严重伤害和死亡的植株数。

级别	受害程度
1	植株表现均匀、一致，茎秆长度基本相同
2	植株表现均匀，但生长状况程度不一
3	再生高度变化较大
4	存活植株稀疏，再生程度十分不一
5	植株已死亡

根据受害程度和下列标准，确定种质苗期的耐寒性。

1　弱（受害程度平均分数≥70）

2　中（35≤受害程度平均分数<70）

3　强（受害程度平均分数<35）

注意事项：

试验环境条件要保证一致性和稳定性；要采用相同的育苗基质配方、花盆规格和一致性的肥水管理，使幼苗茁壮生长、整齐一致；对照品种要有代表性，对照品种自身的表现应无差异或差异不明显，则鉴定试验合格。若对照品种自身表现差异显著，则需要重新进行试验。

5.7.3　耐高温性

在低海拔地区，藜麦开花期以后，容易遭受高温、干热风等胁迫而影响植株灌浆，藜麦的耐高温性主要采用灌浆期耐高温性鉴定方法来评价（方保停等，2019）。

试验采用裂区设计，主区为温度，副区为不同藜麦种质。设置热胁迫和田间自然生长（对照，CK）2 个温度处理，3 次重复，肥水等统一管理。试验采用人工遮盖塑料棚模拟高温环境进行热胁迫处理，除去多云、降雨等天气，在开花期进行增温 10d。每天于 9:30 开始盖棚（上边搭盖无色透明聚乙烯薄膜，内挂温湿度计），分别于 11:00、12:00、13:00、14:00、15:00、16:00 记录温度和湿度，16:00 后取消遮盖，同时记录对照温度和湿度。热胁迫处理温度达到重度干热风天气的温度。

采用产量的热感指数（S）进行藜麦耐高温性评价，其计算公式为 $S=(1-YD/YP)/(1-\overline{YD}/\overline{YP})$。其中，$YD$ 为热胁迫下某种质资源的产量，YP 为田间自然生长条件下某种质的产量，$\overline{YD}$ 为热胁迫下所有种质的产量的平均值，$\overline{YP}$ 为田间自然生长条件下所有种质的产量的平均值。

根据热感指数和下列标准，确定藜麦种质的耐高温性。

1　弱（$S \geq 1.50$）

2　　中（0.50≤S<1.50）

3　　强（S<0.50）

5.7.4　耐涝性

藜麦生长期容易遭受降水等高湿环境的威胁，特别是灌浆期以后的集中降水容易造成植株死亡或者生长不良，严重影响产量。筛选和培育耐涝、耐湿的种质资源，对提高和保持产量的稳定性非常重要。耐涝性鉴定方法一般采用灌水法，在藜麦的出苗期、开花期、灌浆期采用反复灌水，使植株处于较长时间的浸水或潮湿环境，然后观察植株的受害情况，目测受害程度，根据目测结果和下列标准，确定种质的耐涝性。

1　　弱（植株变黄，有枯萎死苗的现象）

2　　中（植株变黄，无枯萎死亡的现象）

3　　强（植株基本正常，无枯萎死亡的现象）

5.7.5　耐盐性

苗期是鉴定藜麦耐盐性的重要阶段，苗期的耐盐性强弱决定成株的多少。目前，国内外藜麦苗期耐盐性鉴定多采用 $NaCl$、Na_2SO_4 等单盐或混合盐的形式进行鉴定（赵颖等，2019）。

在有防水条件的干旱棚下设置长 3m、宽 0.45m、深 0.12m 的水泥槽若干个，在附近建造一个长 2m、宽 1.5m、深 1.5m 的配水池。用低压聚乙烯塑料管将各个水泥槽与配水池连通，形成循环供排水系统。在各个水泥槽内放置塑料育苗盘，装满建筑用粗砂作为育苗基质，通过育苗钵底部的小孔，营养液可迅速浸润钵内粗砂，当钵内粗砂水分饱和时，将水泥槽中的霍格兰营养液排回配水池保存；当钵内的粗砂缺水时，又可将配水池中的营养液泵入水泥槽以浸润钵内粗砂。

待幼苗长到 3~4 叶时，给霍格兰营养液加 $NaCl$、Na_2SO_4 等盐的单盐或者混合盐，达到 300 mmol/L 以上的浓度，将营养液泵入水泥槽，反复浸泡幼苗根系，使幼苗受盐害，待幼苗出现盐害以后（15d 左右），进行盐害程度调查。

藜麦苗期盐害程度调查记载分级标准：

级别		盐害程度
1	敏感	80%以上植株死亡或接近死亡
2	中敏	停止生长，50%~80%植株死亡或接近死亡
3	中耐	生长严重受阻，有 20%~50% 植株死亡或接近死亡
4	耐盐	生长受阻，50%植株保留多片以上绿叶，有 20%以下死苗
5	高耐	生长基本正常，80%以上植株正常生长，无死苗

凡在鉴定中筛选出来的 4、5 级种质，都在下一年度重复鉴定，根据两年的表现确定其苗期的耐盐级别。

5.7.6 抗穗发芽性

在藜麦成熟期，从试验小区中随机取 10 个穗为观测对象，目测每个穗子在人工保持饱和湿度的空气条件下穗发芽情况，具体操作和数据处理及评价分级如下：

收获时从试验小区中随机取 10 穗，放置发芽箱中，箱内温度 20~25℃，保持饱和湿度，至第 3 天计数每穗的发芽粒数，并统计穗发芽率，统计穗发芽率的公式为：

$$SP(\%) = \frac{n}{N} \times 100$$

式中：n——穗发芽粒数；

N——穗粒总数；

SP——穗发芽率。

取 10 穗的穗发芽率平均值，根据穗发芽率和下列标准，确定种质的穗发芽等级。

1　低抗（穗发芽率≥30%）

2　中抗（20%≤穗发芽率<30%）

3　高抗（穗发芽率<20%）

5.7.7 除草剂耐受性

主要采用苗期除草剂耐受性鉴定方法测评种质对除草剂的耐受性。采用室内土培法。取从未使用除草剂的农田表层土壤过 10mm 筛，按 3∶1 混入营养土（有机质含量>15.0%，N、P、K 总含量>20.0%，pH 值 7 左右）置于花盆中。挑选整齐一致的藜麦种子进行播种。在 4~5 叶期，喷施除草剂，以抗除草剂品种作为对照。5 日后观察植株的受害情况，目测受害程度，根据目测结果和下列标准，确定种质的除草剂抗性。

1　弱（植株基本死亡，无完整绿叶）

2　中（植株萎蔫，绿叶基本完整）

3　强（植株基本无影响或萎蔫后迅速缓苗）

5.7.8 抗倒伏性

倒伏是影响藜麦产量的重要因素，种质之间差异较大，采用高水肥鉴定法鉴定藜麦种质的抗倒伏性。在有灌溉条件的高水肥地上种植，在成熟期以每个种质的试验小区为观察对象，目测倒伏程度。按下列标准进行分级。

级别	倒伏角度
0 级	基本不倒伏
1 级	倒伏 16°~30°
2 级	倒伏 31°~60°

3级　　　　倒伏60°以上

倒伏株数达50%以上，按上述标准记载。

根据倒伏分级和下列标准，确定种质抗倒伏性。

1　不抗（3级）
2　低抗（2级）
3　中抗（1级）
4　高抗（0级）

5.8 抗病虫性

5.8.1 叶斑病抗性

藜麦叶斑病，由病菌（*Cercospora* cf. *chenopodii*）侵染导致的叶片病变，抗性鉴定采用自然发病田间调查方法。当试验区内发病明显时，对成株叶片进行调查，记录叶片发病程度。

根据调查结果和下列标准，确定种质的叶斑病抗性。

1　高感（病斑几乎占全部叶片，全株叶片接近枯黄或坏死脱落，植株接近死亡）
2　易感（病斑占叶片较大面积，大部分叶片感病脱落，植株生长受阻）
3　中抗（部分叶片具有病斑，部分叶片感病后脱落，植株生长受到影响）
4　抗（叶片少量病斑，叶片色泽正常，植株生长受到较小影响）
5　高抗（无病症）

注意事项：

藜麦叶斑病在不同年份田间自然发病轻重程度不同，因此在鉴定种质叶斑病抗性试验中，应设合适的对照品种为参照。如果易感对照品种不发病或者发病不充分，则鉴定无效。

5.8.2 霜霉病抗性

藜麦霜霉病（病原菌为 *Peronospora variabilis*）的抗性鉴定采用自然发病田间调查方法。当试验区内发病明显时，对成株叶片进行调查，记录叶片发病程度。

根据调查结果和下列标准，确定种质的霜霉病抗性。

1　高感（病斑占大部分叶片面积，植株严重萎蔫或枯死）
2　易感（病斑占一定叶片面积，大部分叶片卷曲，植株生长受阻）
3　中抗（部分叶片具有病斑，植株生长受到影响）
4　抗（叶片少量病斑，植株活力较强，植株生长受到较小影响）

5　高抗（无病症）

注意事项：

藜麦霜霉病在不同年份田间自然发病轻重程度不同，因此在鉴定种质霜霉病抗性试验中，应设合适的对照品种为参照，如果易感对照品种不发病或者发病不充分，则鉴定无效。

5.8.3　茎（根）腐病抗性

藜麦茎（根）腐病（病原菌为 *Choanephora cucurbitarum*）的抗性鉴定采用自然发病田间调查方法。当试验区内发病明显时，对成株茎（根）进行调查，记录茎（根）发病程度。

根据调查结果和下列标准，确定种质的茎（根）腐病抗性。

1　高感［茎（根）出现严重坏死斑，植株干枯死亡］

2　易感［茎（根）出现较大面积坏死斑，植株生长受阻］

3　中抗［茎（根）出现一定面积坏死斑，植株生长受到影响］

4　抗［茎（根）出现小面积坏死斑，植株生长影响较轻］

5　高抗（无病症）

注意事项：

藜麦茎（根）腐病在不同年份田间自然发病轻重程度不同，因此在鉴定种质茎（根）腐病抗性试验中，应设合适的对照品种为参照，如果易感对照品种不发病或者发病不充分，则鉴定无效。

5.8.4　病毒病抗性

藜麦病毒病（Ring spot virus）的抗性鉴定采用自然发病田间调查方法。当试验区内发病明显时，对成株进行调查，记录发病程度。

根据调查结果和下列标准，确定种质的病毒病抗性。

1　高感（整株严重畸形矮化，甚至死亡）

2　易感（多数叶片重花叶，部分畸形，变细长，植株扭曲，明显矮化）

3　中抗（部分叶片花叶，少数叶片畸形，植株轻度扭曲矮化）

4　抗（植株扭曲矮化不明显，个别花叶）

5　高抗（无病症）

注意事项：

藜麦病毒病在不同年份田间自然发病轻重程度不同，因此在鉴定种质病毒病抗性试验中，应设合适的对照品种为参照，如果易感对照品种不发病或者发病不充分，则鉴定无效。

5.8.5　立枯病抗性

藜麦的立枯病（病原菌为 *Rhizoctonia solani* Kühn.）的抗性鉴定采用自然发

病田间调查方法。当试验区内发病明显时，对幼苗或成株进行调查，记录发病程度。

根据调查结果和下列标准，确定种质的立枯病抗性。

1　高感（发病幼苗或植株占全部幼苗或植株 20%以上）

2　易感（发病幼苗或植株占全部幼苗或植株 10%～20%）

3　中抗（发病幼苗或植株占全部幼苗或植株 5%～10%）

4　抗（发病幼苗或植株占全部幼苗或植株 5%以下）

5　高抗（无病症）

注意事项：

藜麦立枯病在不同年份田间自然发病轻重程度不同，因此在鉴定种质立枯病抗性试验中，应设合适的对照品种为参照，如果易感对照品种不发病或者发病不充分，则鉴定无效。

5.8.6　甜菜筒喙象抗性

藜麦的主要虫害为甜菜筒喙象（*Lixus subtilis* Boheman），鉴定方法采用甜菜筒喙象田间自生调查方法（参考方法）。

在藜麦种质田，设高抗、中抗和高感的对照品种，当试验区内种质甜菜筒喙象较多时，调查虫害数量和分布情况。根据单位面积植株遭受甜菜筒喙象侵蚀率和分布情况及下列标准，评价种质甜菜筒喙象抗性级别。

1　低抗（植株遭受侵害率>25%）

2　中抗（10%<植株遭受侵害率≤25%）

3　高抗（植株遭受侵害率≤10%）

注意事项：

甜菜筒喙象的侵害率还要依据高抗、中抗和高感的对照品种的侵害情况来评判。参照对照品种，对种质的抗性做出更准确的判定。如果高感对照品种植株上无甜菜筒喙象或甜菜筒喙象侵害不多，则此鉴定无效。

5.8.7　夜蛾抗性

夜蛾（Noctuidae）侵害开花期和灌浆期的藜麦，鉴定方法采用夜蛾田间自生调查方法（参考方法）。

在藜麦种质田，设高抗、中抗和高感的对照品种，当试验区内种质上夜蛾较多时，调查虫卵、虫害数量和分布情况。根据单位面积植株遭受夜蛾侵蚀率和分布情况及下列标准，评价种质夜蛾抗性级别。

1　低抗（植株遭受侵害率>15%）

2　中抗（10%<植株遭受侵害率≤15%）

3　高抗（植株遭受侵害率≤10%）

注意事项：

夜蛾的侵害率还要依据高抗、中抗和高感的对照品种的侵害情况来评判。参照对照品种，对种质的抗性做出更准确的判定。如果高感对照品种植株上无夜蛾或夜蛾侵害不多，则此鉴定无效。

5.8.8 象甲抗性

象甲（Curculionidae）侵害灌浆期的藜麦，鉴定方法采用象甲田间自生调查方法（参考方法）。

在藜麦种质田，设高抗、中抗和高感的对照品种，当试验区内种质象甲幼虫暴发时，调查虫害数量和分布情况。根据单位面积植株遭受象甲侵蚀率和分布情况及下列标准，评价种质象甲抗性级别。

1　低抗（植株遭受侵害率>15%）

2　中抗（5%<植株遭受侵害率≤15%）

3　高抗（植株遭受侵害率≤5%）

注意事项：

象甲的侵害率还要依据高抗、中抗和高感的对照品种的侵害情况来评判。参照对照品种，对种质的抗性做出更准确的判定。如果高感对照品种植株上无象甲或象甲侵害不多，则此鉴定无效。

5.8.9 根蛆抗性

根蛆（*Delia antiqua*）侵害灌浆期的藜麦土壤表层根茎，鉴定方法采用根蛆田间自生调查方法（参考方法）。

在藜麦种质田，设高抗、中抗和高感的对照品种，当试验区内种质根蛆幼虫暴发时，调查虫害数量和分布情况。根据单位面积植株遭受根蛆侵蚀率和分布情况及下列标准，评价种质根蛆抗性级别。

1　低抗（植株遭受侵害率>15%）

2　中抗（5%<植株遭受侵害率≤15%）

3　高抗（植株遭受侵害率≤5%）

注意事项：

根蛆的侵害率还要依据高抗、中抗和高感的对照品种的侵害情况来评判。参照对照品种，对种质的抗性做出更准确的判定。如果高感对照品种植株上无根蛆或根蛆侵害不多，则此鉴定无效。

5.9 其他特征特性

5.9.1 用途

藜麦种质的最主要用途。许多藜麦种质具有多种用途，这里只标明最主要或最普遍的用途。

根据民间调查、市场调查或查阅文献，确定种质的用途。

1　粮用（利用籽粒为主，用作粮食或酿造原料）

2　饲用（利用茎叶为主，用作畜禽的蛋白质饲料）

3　菜用（以嫩茎叶作菜用为主）

3　观赏（作为观赏植物栽培）

4　兼性用途（如粮饲兼用、粮用和观赏兼用）

上述没有列出的其他用途，需要另外给予说明。

5.9.2　核型

采用细胞学方法，对藜麦种质染色体的数目、大小、形态和结构进行鉴定，以核型公式表示。

5.9.3　指纹图谱与分子标记

对藜麦种质资源进行指纹图谱分析或重要性状分子标记，记录所采用的技术方法，并在备注栏内注明所用引物、特征带的分子大小或序列以及分子标记的性状和连锁距离。

5.9.4　备注

藜麦种质的特殊描述符或特殊代码的具体说明。

6 藜麦种质资源数据采集表

1 基本信息			
全国统一编号（1）	ZL	种质库编号（2）	
引种号（3）		采集号（4）	
种质名称（5）		种质外文名（6）	
科名（7）	Amaranthaceae	属名（8）	*Chenopodium* L.
学名（9）		原产国（10）	
原产省（11）		原产地（12）	
海拔（13）	m	经度（14）	
纬度（15）		来源地（16）	
保存单位（17）		保存单位编号（18）	
系谱（19）		选育单位（20）	
育成年份（21）		选育方法（22）	
种质类型（23）	1：野生资源　2：地方品种　3：选育品种　4：品系　5：遗传材料　6：其他		
图像（24）		观测地点（25）	
2 形态特征和生物学特性			
播种期（26）		出苗期（27）	
子叶颜色（28）	1：黄绿　2：绿　3：紫　4：红		
幼苗展开叶面色（29）	1：黄绿　2：绿　3：深绿　4：紫　5：粉　6：红		
幼苗心叶叶色（30）	1：绿　2：红绿　3：浅红　4：红		
幼苗叶形（31）	1：菱形　2：心形　3：掌形　4：披针形		
叶片盐泡（32）	0：无　1：有		
现蕾期（33）			
成株期叶形（34）	1：掌形　2：心形　3：菱形　4：披针形		
叶柄长（35）	cm	叶片长（36）	cm
叶片宽（37）	cm		
叶面颜色（38）	1：绿　2：紫绿　3：红　4：紫红		
叶尖形状（39）	1：菱形　2：柳叶形　3：三角形		
叶基形状（40）	1：渐狭　2：楔形　3：戟形		

（续表）

叶缘形态（41）	1：锯齿　2：波状　3：平滑		
叶柄颜色（42）	1：黄绿　2：绿　3：紫绿　4：红　5：黄　6：黄褐　7：紫红 8：混色		
植株分枝性（43）	1：单枝　2：有主穗基部小分枝　3：有主穗基部大分枝 4：无主穗分枝		
生长速度（44）	1：缓慢　2：中等　3：快速		
再生性（45）	1：弱　2：中　3：强		
开花期（46）			
株型（47）	1：紧凑型　2：半紧凑型　3：松散型		
植株整齐度（48）	1：不齐　2：中等　3：整齐		
株高（49）	cm	茎粗度（50）	cm
花期茎秆颜色（51）	1：绿　2：紫　3：红　4：混合		
主花序长度（52）	cm	主花序粗度（53）	cm
主花序分枝性（54）	1：无　2：少　3：中　4：多		
主花序类型（55）	1：单枝形　2：圆筒形　3：枋锤形		
主花序紧密度（56）	1：松弛　2：紧密		
主花序颜色（57）	1：奶油　2：黄　3：绿　4：橙　5：紫红		
花簇类型（58）	1：雌花为主　2：雄性败育花为主　3：两性花为主		
单株鲜体重（59）	g	单株茎干重（60）	g
单株叶干重（61）	g	灌浆期（62）	
茎叶早衰程度（63）	1：无早衰　2：轻度早衰　3：中度早衰　4：重度早衰　5：严重早衰		
茎秆髓部质地（64）	1：中空　2：半填充　3：填充		
茎秆髓部汁液（65）	1：无汁　2：少汁　3：多汁		
茎秆倒折率（66）	%	成熟期（67）	
全生育期（68）	d		
熟性（69）	1：特早熟　2：早熟　3：中熟　4：晚熟　5：极晚熟		
成熟一致性（70）	1：一致　2：中等　3：不一致		
籽粒形状（71）	1：透镜状　2：圆柱状　3：椭球形　4：圆锥形		
籽粒颜色（72）	1：白　2：奶油　3：黄　4：橙　5：粉红　6：红　7：紫　8：褐 9：深褐　10：茶绿　11：黑		
籽粒表皮皂苷（73）	1：无　2：少量　3：中等　4：多		
籽粒光泽（74）	1：明亮　2：暗淡		
籽粒整齐度（75）	1：不整齐　2：中等　3：整齐		
单株粒重（76）	g	千粒重（77）	g
籽粒饱满度（78）	1：不饱满　2：中等　3：饱满		
成熟茎秆颜色（79）	1：黄　2：橙　3：红　4：紫　5：褐　6：灰　7：黑　8：绿 9：混色		

（续表）

3　品质特性			
籽粒蛋白含量（80）	%	籽粒总淀粉含量（81）	%
籽粒总糖含量（82）	g/kg	籽粒粗脂肪含量（83）	%
籽粒粗纤维含量（84）	g/kg	籽粒黄酮含量（85）	mg/g
籽粒皂苷含量（86）	mg/g	籽粒苏氨酸含量（87）	g/100g
籽粒缬氨酸含量（88）	g/100g	籽粒异亮氨酸含量（89）	g/100g
籽粒亮氨酸含量（90）	g/100g	籽粒苯丙氨酸含量（91）	g/100g
籽粒赖氨酸含量（92）	g/100g	籽粒色氨酸含量（93）	g/100g
籽粒甲硫氨酸含量（94）	g/100g	籽粒组氨酸含量（95）	%
全株粗蛋白含量（96）	%	全株粗脂肪含量（97）	%
全株中性洗涤纤维（98）	%	全株酸性洗涤纤维（99）	%
全株总糖含量（100）	g/kg	全株皂苷含量（101）	mg/g

4　抗逆性	
苗期耐旱性（102）	1：弱　2：中　3：强
苗期耐寒性（103）	1：弱　2：中　3：强
耐高温性（104）	1：弱　2：中　3：强
耐涝性（105）	1：弱　2：中　3：强
耐盐性（106）	1：敏感　2：中敏　3：中耐　4：耐盐　5：高耐
抗穗发芽性（107）	1：低抗　2：中抗　3：高抗
除草剂耐受性（108）	1：弱　2：中　3：强
抗倒伏性（109）	1：不抗　2：低抗　3：中抗　4：高抗
叶斑病抗性（110）	1：高感　2：易感　3：中抗　4：抗　5：高抗
霜霉病抗性（111）	1：高感　2：易感　3：中抗　4：抗　5：高抗
茎（根）腐病抗性（112）	1：高感　2：易感　3：中抗　4：抗　5：高抗
病毒病抗性（113）	1：高感　2：易感　3：中抗　4：抗　5：高抗
立枯病抗性（114）	1：高感　2：易感　3：中抗　4：抗　5：高抗
甜菜筒喙象抗性（115）	1：低抗　2：中抗　3：高抗

（续表）

夜蛾抗性（116）	1：低抗　2：中抗　3：高抗
象甲抗性（117）	1：低抗　2：中抗　3：高抗
根蛆抗性（118）	1：低抗　2：中抗　3：高抗
5　其他特征特性	
用途（119）	1：粮用　2：饲用　3：菜用　4：观赏　5：兼性用途
核型（120）	
指纹图谱与分子标记（121）	
备注（122）	

填表人：　　　　审核：　　　　日期：

7　藜麦种质资源利用情况报告格式

7.1　种质利用概况

每年提供利用的种质类型、份数、份次、用户数等。

7.2　种质利用效果及效益

提供利用后育成的品种（系）、创新材料，以及其他研究利用、开发创收等产生的经济、社会和生态效益。

7.3　种质利用经验和存在的问题

组织管理、资源管理、资源研究和利用等。

8 藜麦种质资源利用情况登记表

<table>
<tr><td>种质名称</td><td colspan="5"></td></tr>
<tr><td>提供单位</td><td></td><td>提供日期</td><td></td><td>提供数量</td><td></td></tr>
<tr><td>提供种质
类　　型</td><td colspan="5">地方品种□　育成综合种□　自交系□　国外引进品种□　国外引进综合种□
国外引进自交系□　野生种□　遗传材料□　突变体□　其他□</td></tr>
<tr><td>提供种质
形　态</td><td colspan="5">植株（苗）□　果实□　籽粒□　根□　茎（插条）□　叶□　芽□
花（粉）□　组织□　细胞□　DNA□　其他□</td></tr>
<tr><td>统一编号</td><td></td><td colspan="2">国家中期库编号</td><td colspan="2"></td></tr>
<tr><td>省级中期库
编号</td><td></td><td colspan="2">保存单位编号</td><td colspan="2"></td></tr>
<tr><td colspan="6">提供种质的优异性状及利用价值：</td></tr>
</table>

<table>
<tr><td colspan="4">以下由种质利用单位填写</td></tr>
<tr><td>利用单位</td><td></td><td>利用时间</td><td></td></tr>
<tr><td>利用目的</td><td colspan="3"></td></tr>
<tr><td colspan="4">利用途径：</td></tr>
<tr><td colspan="4">取得的实际利用效果：</td></tr>
</table>

种质利用单位盖章　　种质利用者签名：　　　　　　　年　　月　　日

主要参考文献

方保停，李向东，邵运辉，等. 2019. 黄淮麦区冬小麦品种耐热性比较研究［J］. 河南农业科学，48（7）：19-23.

胡荣海，周莉，高吉寅，等. 1985. 用反复干旱法评价小麦的抗旱性［J］. 中国种业，85（2）：31-33.

胡一波，杨修仕，陆平，等. 2017. 中国北部藜麦品质性状的多样性和相关性分析［J］. 作物学报，43（3）：464-470.

王彦荣，任继周，孙建华，等. 2002. 苜蓿新品种特异性、一致性和稳定性测试指南初报［J］. 草业科学，19（9）：16-23.

赵颖，魏小红，赫亚龙，等 2019. 混合盐碱胁迫对藜麦种子萌发和幼苗抗氧化特性的影响［J］. 草业学报，28（2）：156-167.

Bhargava A，Srivastava S. 2013. 藜麦生产与应用［M］. 任贵兴，叶全宝，等译. 北京：科学出版社.

Murphy K，Matanguiban J. 2015. 藜麦研究进展和可持续生产［M］. 任贵兴，赵钢，等译. 北京：科学出版社.

《农作物种质资源技术规范》丛书

分 册 目 录

1 总论

1-1 农作物种质资源基本描述规范和术语
1-2 农作物种质资源收集技术规程
1-3 农作物种质资源整理技术规程
1-4 农作物种质资源保存技术规程

2 粮食作物

2-1 水稻种质资源描述规范和数据标准
2-2 野生稻种质资源描述规范和数据标准
2-3 小麦种质资源描述规范和数据标准
2-4 小麦野生近缘植物种质资源描述规范和数据标准
2-5 玉米种质资源描述规范和数据标准
2-6 大豆种质资源描述规范和数据标准
2-7 大麦种质资源描述规范和数据标准
2-8 高粱种质资源描述规范和数据标准
2-9 谷子种质资源描述规范和数据标准
2-10 黍稷种质资源描述规范和数据标准
2-11 燕麦种质资源描述规范和数据标准
2-12 荞麦种质资源描述规范和数据标准
2-13 甘薯种质资源描述规范和数据标准
2-14 马铃薯种质资源描述规范和数据标准
2-15 籽粒苋种质资源描述规范和数据标准
2-16 小豆种质资源描述规范和数据标准
2-17 豌豆种质资源描述规范和数据标准
2-18 豇豆种质资源描述规范和数据标准
2-19 绿豆种质资源描述规范和数据标准
2-20 普通菜豆种质资源描述规范和数据标准
2-21 蚕豆种质资源描述规范和数据标准
2-22 饭豆种质资源描述规范和数据标准
2-23 木豆种质资源描述规范和数据标准

2-24 小扁豆种质资源描述规范和数据标准
2-25 鹰嘴豆种质资源描述规范和数据标准
2-26 羽扇豆种质资源描述规范和数据标准
2-27 山黧豆种质资源描述规范和数据标准
2-28 黑吉豆种质资源描述规范和数据标准
2-29 藜麦种质资源描述规范和数据标准

3 经济作物

3-1 棉花种质资源描述规范和数据标准
3-2 亚麻种质资源描述规范和数据标准
3-3 苎麻种质资源描述规范和数据标准
3-4 红麻种质资源描述规范和数据标准
3-5 黄麻种质资源描述规范和数据标准
3-6 大麻种质资源描述规范和数据标准
3-7 青麻种质资源描述规范和数据标准
3-8 油菜种质资源描述规范和数据标准
3-9 花生种质资源描述规范和数据标准
3-10 芝麻种质资源描述规范和数据标准
3-11 向日葵种质资源描述规范和数据标准
3-12 红花种质资源描述规范和数据标准
3-13 蓖麻种质资源描述规范和数据标准
3-14 苏子种质资源描述规范和数据标准
3-15 茶树种质资源描述规范和数据标准
3-16 桑树种质资源描述规范和数据标准
3-17 甘蔗种质资源描述规范和数据标准
3-18 甜菜种质资源描述规范和数据标准
3-19 烟草种质资源描述规范和数据标准
3-20 橡胶树种质资源描述规范和数据标准

4 蔬菜

4-1 萝卜种质资源描述规范和数据标准
4-2 胡萝卜种质资源描述规范和数据标准
4-3 大白菜种质资源描述规范和数据标准
4-4 不结球白菜种质资源描述规范和数据标准
4-5 菜薹和薹菜种质资源描述规范和数据标准
4-6 叶用和薹（籽）用芥菜种质资源描述规范和数据标准
4-7 根用和茎用芥菜种质资源描述规范和数据标准
4-8 结球甘蓝种质资源描述规范和数据标准
4-9 花椰菜和青花菜种质资源描述规范和数据标准
4-10 芥蓝种质资源描述规范和数据标准

4-11 黄瓜种质资源描述规范和数据标准
4-12 南瓜种质资源描述规范和数据标准
4-13 冬瓜和节瓜种质资源描述规范和数据标准
4-14 苦瓜种质资源描述规范和数据标准
4-15 丝瓜种质资源描述规范和数据标准
4-16 瓠瓜种质资源描述规范和数据标准
4-17 西瓜种质资源描述规范和数据标准
4-18 甜瓜种质资源描述规范和数据标准
4-19 番茄种质资源描述规范和数据标准
4-20 茄子种质资源描述规范和数据标准
4-21 辣椒种质资源描述规范和数据标准
4-22 菜豆种质资源描述规范和数据标准
4-23 韭菜种质资源描述规范和数据标准
4-24 葱（大葱、分葱、楼葱）种质资源描述规范和数据标准
4-25 洋葱种质资源描述规范和数据标准
4-26 大蒜种质资源描述规范和数据标准
4-27 菠菜种质资源描述规范和数据标准
4-28 芹菜种质资源描述规范和数据标准
4-29 苋菜种质资源描述规范和数据标准
4-30 莴苣种质资源描述规范和数据标准
4-31 姜种质资源描述规范和数据标准
4-32 莲种质资源描述规范和数据标准
4-33 茭白种质资源描述规范和数据标准
4-34 蕹菜种质资源描述规范和数据标准
4-35 水芹种质资源描述规范和数据标准
4-36 芋种质资源描述规范和数据标准
4-37 荸荠种质资源描述规范和数据标准
4-38 菱种质资源描述规范和数据标准
4-39 慈姑种质资源描述规范和数据标准
4-40 芡实种质资源描述规范和数据标准
4-41 蒲菜种质资源描述规范和数据标准
4-42 百合种质资源描述规范和数据标准
4-43 黄花菜种质资源描述规范和数据标准
4-44 山药种质资源描述规范和数据标准
4-45 黄秋葵种质资源描述规范和数据标准

5 果树

5-1 苹果种质资源描述规范和数据标准
5-2 梨种质资源描述规范和数据标准
5-3 山楂种质资源描述规范和数据标准
5-4 桃种质资源描述规范和数据标准

5-5 杏种质资源描述规范和数据标准
5-6 李种质资源描述规范和数据标准
5-7 柿种质资源描述规范和数据标准
5-8 核桃种质资源描述规范和数据标准
5-9 板栗种质资源描述规范和数据标准
5-10 枣种质资源描述规范和数据标准
5-11 葡萄种质资源描述规范和数据标准
5-12 草莓种质资源描述规范和数据标准
5-13 柑橘种质资源描述规范和数据标准
5-14 龙眼种质资源描述规范和数据标准
5-15 枇杷种质资源描述规范和数据标准
5-16 香蕉种质资源描述规范和数据标准
5-17 荔枝种质资源描述规范和数据标准
5-18 弥猴桃种质资源描述规范和数据标准
5-19 穗醋栗种质资源描述规范和数据标准
5-20 沙棘种质资源描述规范和数据标准
5-21 扁桃种质资源描述规范和数据标准
5-22 樱桃种质资源描述规范和数据标准
5-23 果梅种质资源描述规范和数据标准
5-24 树莓种质资源描述规范和数据标准
5-25 越橘种质资源描述规范和数据标准
5-26 榛种质资源描述规范和数据标准
5-27 杨梅种质资源描述规范和数据标准

6 牧草绿肥

6-1 牧草种质资源描述规范和数据标准
6-2 绿肥种质资源描述规范和数据标准
6-3 苜蓿种质资源描述规范和数据标准
6-4 三叶草种质资源描述规范和数据标准
6-5 老芒麦种质资源描述规范和数据标准
6-6 冰草种质资源描述规范和数据标准
6-7 无芒雀麦种质资源描述规范和数据标准